世界的扬州·文化遗产丛书

千秋家园梦

——扬州人居文化遗产钩沉

金 子 著

东南大学出版社

图书在版编目（CIP）数据

千秋家园梦：扬州人居文化遗产钩沉/金子著.—
南京：东南大学出版社，2014.5
（世界的扬州·文化遗产丛书）
ISBN 978-7-5641-4867-6

Ⅰ.①千⋯ Ⅱ.①金⋯ Ⅲ.①民居—研究—扬州市
Ⅳ.① TU241.5

中国版本图书馆 CIP 数据核字（2014）第 072809 号

书　　　名：千秋家园梦
　　　　　　—— 扬州人居文化遗产钩沉
出版发行：东南大学出版社
社　　　址：南京市四牌楼 2 号　　邮　　编：210096
出 版 人：江建中
责任编辑：戴　丽　杨　凡
网　　　址：http://www.seupress.com

印　　　刷：利丰雅高印刷（深圳）有限公司
开　　　本：960mm×650mm　1/16　印张：16.75　字数：232 千字
版　　　次：2014 年 5 月第 1 版
印　　　次：2014 年 5 月第 1 次印刷
书　　　号：ISBN 978-7-5641-4867-6
定　　　价：88.00 元

经　　　销：全国各地新华书店
发行热线：025-83791830

本社图书若有印装质量问题，请直接与营销部联系。电话（传真）：025-83791830

世界的扬州·文化遗产丛书

千秋家园梦 —— 扬州人居文化遗产钩沉

总　　编：董玉海

主　　编：冬　冰

副 主 编：刘马根　徐国兵　姜师立　刘德广

组织编撰机构：

江苏省扬州市文物局（扬州市申报世界文化遗产办公室）

执行主编：杨　萍　孙明光

著　　者：金　子

摄　　影：茅永宽　周泽华　王虹军　凤　女　瘦西湖

序

郭旃　国际古迹遗址理事会（ICOMOS）副主席

满怀欣喜祝贺《世界的扬州·文化遗产丛书》成书，发行。

关于扬州，古往今来，不知有多少记录和描述。

这次，史无前例的，是在世界遗产的语境中，从全人类文明史发展进程的角度和高度，对扬州所可能具有的世界价值进行新的探讨；是对扬州的过去和现在广泛、深刻的再发现，再认识；是在吸收新的考古发现和研究成果的扎实基础上，梳理和依据确凿的事实和深邃的内涵，进一步发掘、升华和弘扬她的历史成就和当代意义；也是对扬州文化遗产保护新的全面推动、引导、促进、加强和发展；并将影响到扬州以外相关的方方面面。

世界范围的对比，是彰显一个文化、一处文化遗产组合的特质、意义和价值最令人信服的一种途径和方式。

千百年来，不同文化、不同族群、不同地域之间的和平交流和融合，始终是促进人类文明整体进步和繁荣最重要、最明显、最富有成效、不可或缺的因素之一。海上丝绸之路因而受到了联合国教科文组织一致、高度的重视；也因而，有了上个世纪 80 年代末 90 年代初来自全球的学者和政府代表对丝绸之路的国际联合考察盛举。

扬州不仅在海上丝绸之路中熠熠生辉，而且牵挂着陆地丝绸之路的远行……

运河作为人类文明交流、沟通的动脉，是人类历史上最伟大的工程和创造。其对文明社会发展的保障和贡献，犹如循环往复、融会交流的大动脉；在古

序

代社会，其作用和意义更是无与伦比。

国际公认，中国的大运河无疑是运河中最伟大的一个。无论悠远的过去，还是磅礴的现在，中国大运河对于人类文明进步的影响和作用，都值得全世界赞叹和借鉴。

有国际同行深思和探问，可以看出，西方很多运河都体现出中国运河的古老技术和成就。但是，无论是已经被列入《世界遗产名录》的，还是那些其他的运河，迟于中国运河千余年的她们，是何时，经过何种途径、方式和过程，实现了跨世纪的引进和移植，还是一个谜。

而无论这个千古之谜的答案会有多少，可以肯定的是，和大运河的初创与发展始终密不可分的最著名城市扬州的千年风流，都会是谜底中一幅华丽的篇章。

也有哲人讲，作为人类最杰出成就之一的大运河对于沿岸历朝历代的人民来说，"不是生母，就是乳娘"。作为不同经济、文化发展区域结合点和特殊地理、水域汇合处的扬州，在运河初创和形成过程中的关键地位和作用，和她伴随运河而促生、延续与蓬勃扩展的繁荣，使得她无论在城市格局、建筑、规模、风貌，还是在融汇北雄南秀的综合文化内涵与人文气质，乃至政治经济地位和影响力等各个方面，都独占运河城市的鳌头。以至有国际同仁感叹，世界上再也找不出哪座城市，如扬州般与世间一条最伟大的运河如此相辅相成，造就如此的人间昌盛和永恒。哪怕是驰名的运河城市——荷兰的阿姆斯特丹。

说到扬州融汇的"北雄南秀"，还会想到她历史上特有的庞大的盐商群体、盐商文化，可追溯到战争与和平的瘦西湖，那独具一格的扬州园林，以及这一切关联着的社会政治经济制度和变迁。

世界遗产事业作为人类深层次、高水平、多维度大环保事业和人类可持续发展战略的一部分，不分民族、地域、国度、政体，受到普世的关注、重视、支持和热情参与，长盛不衰。

扬州丰富的内涵、特色和潜质，给扬州争取世界文化遗产的国际地位带来了极大的优势，但也造成了"纠结"——多样的可能和选择，多种机会，但可能只能优先选一。这体现在本丛书的内容和章节中，分出了几大类：瘦西湖、大运河和海上丝绸之路。

一般单从世界遗产的申报来讲，考虑到世界遗产申报的组合逻辑，及当前世界遗产申报限额制与国家统筹平衡的现实，首先申报与扬州历史城市特征及盐商文化传统密切相关，同时也与运河相呼应的瘦西湖、扬州历史城区和园林，妥善命名，作为一组申报，不失为一种选择。

在这一组合申报成功之后，再在合理调整内容的基础上，分别加入大运河、海上丝绸之路的申报组合，形成或交错形成扬州多重世界遗产的身份，是可行的。

另一种选择，作为大运河最突出典范的运河城市和最关键节点，首先参加大运河的世界遗产联合申报。这无疑在近期排除了再单独申报扬州为世界遗产的选择。但这应当不会削弱扬州整体的文化地位和内在的遗产价值，也不影响未来在海上丝绸之路申报世界遗产时的关联。

海上丝绸之路的世界遗产申报还没有近期的计划和预案。可以肯定的是，一旦行动，扬州必会是其中一个亮点。

扬州申报世界遗产的"纠结"源于她的优势，是一种挑战，但不是负面的问题。相信《世界的扬州·文化遗产丛书》会给我们很多相关的启示，进一步有助于"解题"，更加明确地全面促进和推动相关的研究、保护、解读和展示工作。

最要紧的是，扬州有着深厚的文化底蕴，有着不同凡响深爱着家乡和国家、具有高度文化自觉和文明水准的民众和来自四面八方的拥趸；有着顺应民意、愈来愈重视文化遗产保护与传承的当地政府；还有一支淡泊名利，珍视历史使命和机遇，痴心文化遗产事业，又特别能战斗，求实认真，并日渐成熟的专业队伍。这使得相关的努力与世俗的"文化搭台，经济唱戏"不可同日而语，成果和效应也必然会泾渭分明。《世界的扬州·文化遗产丛书》的编辑出版就是又一次明证。

扬州从来就是一个开放的国际化城市。近几年在文化景观、运河遗产等文化遗产各个领域的国际研讨中，扬州又成了全世界同行的一处汇聚地和动力源。联合国教科文组织倡导的新形势下的"城市历史景观"（HUL）保护，扬州的实践也早就在其中。

全世界庆祝和纪念《保护世界文化与自然遗产公约》40周年的活动还在余音缭绕之际，在中华大地上，《世界的扬州·文化遗产丛书》为世界遗产这一阳光事业又奏响了新的乐章。

是为之序。

2013 年 2 月 18 日

序：让历史成就未来
——扬州文化遗产概述

顾 风

2007 年夏，在时任扬州市长王燕文的倡导下，我们鼓足勇气赴京参加了由国家文物局主持的大运河牵头城市的角逐，并最终如愿以偿。政府破例给了十个全额拨款事业单位的名额，于是招兵买马，网罗人才，筹建大运河联合申遗办公室，开始踏上原本我们并不熟悉的申遗之旅。五年过去了，我们这艘"运河申遗之舟"，涉江湖，过闸坝，绕急弯，正在一步步驶近申遗的目的地。五年之中我们在承担大量行政工作的同时，有机会与不同学术背景的中外专家、高校和科研机构接触、合作，通过环境的熏陶和实践的锻炼，我们这支队伍正在快速地成长进步，成为当下和未来扬州文化遗产保护的生力军。五年当中，我们通过对扬州文化遗产全面的研究梳理，2012 年扬州市被列入世界遗产新预备名单的申遗项目已从 2006 年仅有的"瘦西湖及扬州历史城区"扩展调整为"大运河（联合）、瘦西湖和扬州盐商历史遗迹（独立）、海上丝绸之路（联合）"三项。五年之中，我们另外的一大收获是，通过学习和探索，得以用新的视角对扬州的文化遗产及其价值做出判断和阐释，使我们对扬州这座伟大的城市有了更加清晰、贴近历史真实的深刻认识。

扬州是一座在国内为数不多的通史式城市，她的文化发展史可追溯到 6500 年前新石器时代中期，在高邮"龙虬庄"文化折射出江淮东部文明的曙光之后，便连绵不绝。进入封建社会以来，更是雄踞东南，繁荣迭现，影响中外。从汉初开始，吴王刘濞凭借境内的铜铁资源、渔盐之利，把吴国建成了东南地区最具影响力的经济文化中心。其后虽有代兴，但终其两汉，广陵的地位未曾动摇和改变。六朝时期，南北割据，战争频仍，作为南朝首都的重要屏障，广陵战略地位的重要性凸显出来，成为兵家必争之地。隋文帝南下灭陈，结束分裂。一统天下后，在扬州设四大行政区之一的扬州大行台，总管南朝故地，扬州成为东南地区政治、经济、文化中心。杨广即位后，开凿大运河贯通南北，连接东西，扬州具有面江、枕淮、临海、跨河的优越交通条件。作为龙兴之地的扬州，顺其自然地跃升为陪都。中唐以前，扬州虽然有着大都督府或都督府的行政地位，但主要还是依靠隋朝历史影响的延续。

"安史之乱"爆发以后，北方广大地区遭受了严重破坏；北方人口躲避战乱，大量南迁；唐王朝依赖东南地区粮食和财富；国家的经济结构和布局发生了重大变化，不得不作出相应的调整。扬州成为东南漕运的枢纽和物资集散地，赢得了历史上难得的发展机遇，区位优势得到了整体的发挥。扬州成为长安、洛阳两京之外，全国最大的地方城市和国际商业都会。唐末扬州遭受毁灭性的破坏，此后，通过五代、北宋的修复，依然保持着江淮地区政治、经济、文化中心的地位。进入南宋，淮河成为宋、金分治的界线，而扬州则成了南宋朝廷扼淮控江的战略要地。其城市性质发生了相应的变化，由一座工商繁荣的经济城市逐渐向壁垒森严的军事基地转变。蒙元帝国建立后，对全国行政系统进行了重大改革，行省制度的建立从政治上巩固了国家的统一，加强了中央集权。元代扬州作为江淮行省机关所在地，管辖范围包括今天江苏的大部、安徽省淮河以南地区、浙江全省和江西省的一小部分。作为东南重镇，其政治、经济地位和文化的影响力远在同时的南京、苏州等城市之上。明清扬州作为两淮盐业中心和漕运枢纽仍然保持着持续的繁荣，尤其在文化方面所具有的影响力和号召力并不因为行政地位的下降而有丝毫的动摇和变化。相反，到清代中期，愈发熠熠生辉，光彩照人。扬州的衰落始于盐业经济的衰落；继之于上海、天津等地的开埠，江南铁路铺设，漕运中止，商业资本大量转移。在这些因素的综合作用下，熊熊的火炉渐渐地失去了以往的能量和温度而慢慢地熄灭。失去了历史风采的扬州，最终不得不让位于上海。这座兴盛于汉，鼎盛于唐，繁盛于清，持续保持了两千年繁荣的城市曾经为中国封建社会的发展进步作出过巨大的贡献，也因此经受了无数次的毁灭和重生。

大运河（扬州段） 盘点扬州文化遗产，大运河和扬州城遗址具有举足轻重的分量和特殊的价值。邗沟是中国最早开凿的运河之一，同时也是正式见诸史籍记载的最早的运河。邗沟的开凿为千年之后大运河的开凿起到了重要的示范作用，这是大运河扬州段的价值之一。其二，自春秋以来，扬州段运河的开凿和整治以及城市水系的调整几乎没有停止过。运河在扬州段形成了交通网络和水系，也形成了运河历史的完整序列，扬州段的运河就是一座名副其实的运河博物馆。其三，由于古代扬州优越的地理位置和经济地位，扬州从唐代开始，一直是漕运的枢纽，所以无论是隋开大运河以后，还是元开南北大运河以后，扬州段的地位都极为重要。其四，作为承担历代漕运繁重任务的运河淮扬段在处理与长江、淮河、黄河三大自然水系的诸多矛盾的过程中，在中国这一用水治水的主战场上，集中使用了最先进的治水理念和水工技术。其五，漕运停止了，北方的运河渐渐失去了活力，有的甚至消失得无影无踪。作为今天北煤南运的重要通道，作为南水北调的东线源头，扬州段的运河还呈现着勃勃生机，这种充满活力的状态不仅体现了大运河这个世界运河之母的强大生命力，也是对大运河这一大型线性活态文化遗产价值的有力支撑。

在农耕文明生产力水平十分低下的条件下，古人"举锸如云"，用血肉之躯开凿运河把一座座城镇联系起来，运河的形成又为沿河城镇提供源源不断的能量，让城镇得以成长和兴旺，同时还不断催生出新的城镇，运河不断积累着中华民族的智慧和经验，也不断促进着中国封建社会的繁荣与进步。

尽管运河城市大都有着相似的成长经历，但是扬州城市和运河同生共长的历史和城河互动的发展关系堪称中国运河城市鲜活的杰出范例，同时也体现着扬州文化遗产的特殊价值。大运河孕育了扬州的多元文化，大运河也成就了扬州两千年持续的繁荣。

扬州城遗址（隋-宋） 扬州城遗址面积近 20 平方公里，是通过专家评审遴选出来，又经国家文物局正式公布的全国 100 处大遗址之一。把一个联系着城市的前天、昨天和今天的遗址公布为全国重点文物保护单位，它的突出及普遍价值在哪里呢？首先，扬州在文明发展进程中具有历史中心的地位和作用。长期以来作为国家或区域性的政治、经济、文化中心，它的作用和影响长期超越地域范围，是代表国家民族身份的。其次，由于城市东界运河，南临长江，特定的地理环境决定了城市的发展空间和发展模式。扬州城的历史发展变化具有空间和时间上的延续性，有别于长安、洛阳那些具有跨越发展特点的城市，从而成为中国历史城市类型的独特范例。其三，扬州兼有南方城市、运河城市、港口城市的性质，因此，它在城市形态、城市水系、城市交通、建筑风格方面都有着鲜明的特点。其四，曾经作为国际国内的商业都会、对外交往的窗口、漕运的枢纽、物资集散地和手工业生产基地，扬州城遗址蕴藏的文化内涵是极为丰富的。它的考古成果对研究中国城市的发展历史十分重要。其五，城市制度的先进性。作为繁华的经济中心，发达的商业和手工业必然对城市的布局、功能分区有所影响，并在城市制度方面也应有所体现。根据史料记载，唐代扬州是有别于两京，率先打破里坊制，出现开放式街巷体系的城市。扬州热闹的夜市，丰富的夜生活，赢得了中外客商和文人雅士的由衷赞美。扬州城市制度划时代的变革对中国城市产生了深远的影响。其六，正因为扬州城存在着发展空间和时间上的延续性，所以城市遗址是属于层叠形态的。它的物理空间有沿有革，但始终存在着有机的联系。

尽管扬州历史上屡兴屡废，大起大落，但城市的性质是延续的，城市发展规律还是渐变而非突变的。

明清古城 明清古城位于扬州城遗址的东南部，面积仅有 5.09 平方公里，属于全国重点文物保护单位扬州城遗址的重要组成部分。作为扬州主要的文化遗产，它的价值也是多元的。第一，历史空间和历史风貌。作为明清时代扬州的主城区，它是在元末战争结束之后，当时根据居住人口和经济状况重新规划建设的。但很快随着经济的发展和人口的增加，在城市东部出现了新的建城区，最终在嘉靖年间完成了新城的扩建，形成了新城、旧城的双城格局。明清古城蕴含着城市 600 年来大量的历史信息，尤其还保存着真实并相对完整的历史风貌和历史空间。第二，复杂而发达的街巷体系。由于商业的繁荣和高密度的居住人口，为不断适应城市生活的需求，交通组织需要作出相应的调整。复杂而发达的街巷体系成为了扬州独特的城市肌理。第三，城市物理空间的组织和利用。城市物理空间的组织利用水平体现了前人的智慧和能力。明代后期扩建新城一定程度上满足了城市功能的需要，缓解了人口居住的压力。但入清以后，随着盐业经济的迅猛发展，大量外地人口的迁入，这一矛盾又凸显出来。由于运河流经城市的东界和南界，建城区的扩张受到空间的制约。解决问题的有效办法只能是提高城市土地和空间的利用率。狭窄的街巷、鳞次栉比的建筑，凝聚着千家万户的智慧。不同的空间，不同的形式，在这里得到了统一；通风采光的共同需求在这里得到了满足。前人这种高度节约化又体现和而不同的城市规划成果，不仅赢得了当今国际规划大师的赞叹，也足以让众多死搬洋教条的规划师们汗颜。第四，建筑风格的多元化和对时尚的引领。扬州从历史上来说就是一个移民的城市，毁灭与重生，逃离和汇聚，在这里交替发生。商业都会的地位、漕运的枢纽、盐商的聚居，各省会馆的设立，带来了安徽、浙江、江西、山西、湖南等不同地域的建筑文化。这些不同的建筑文化在扬州并不是被简单的复制，而是通过交流、融合，在结构、布局、功能分配甚至工艺、材料的运用上都不断创新，最终汇集为外观时尚新颖、内涵丰富多元的扬州地方建筑特色。博采众长、开放包容、和而不同作为扬州文化的主旋律在扬州建筑文化方面表现得十分直观和生动。扬州式样在引领时尚的同时，也不断辐射和影响着周边省市。第五，盐商住宅的独特价值。两淮盐业经济是扬州的传统产业，明清时期盐业成为这座城市赖以生存和发展的支柱产业。由于靠盐业垄断经营，作为两淮盐业中心的扬州，自然成为盐商聚集的首选之地。扬州在唐代就拥有许多以姓氏命名的私家园林，在盐业资本的作用下，盐业经济呈现出畸形繁荣。建造豪宅、庭园成为一时风尚。个性设计、外观宏伟、结构严整、功能齐全、材料讲究、工艺精湛、园亭配套，成为这类建筑的基本特征。现存的这批盐商宅、园既是扬州盐商的生活遗迹，也是曾经对中国经济、文化产生重要影响的扬州盐商的历史符号，更是中国建筑艺术的不朽作品。它们的独特形态和价值有力地支撑了明清古城的风貌和内涵。第六，传统生活方式的延续和传承。尽管扬州一直以来是一个移民城市，来自不同地域的人们从四面八方带来了不同的文化和习俗，加之盐业经济长期以来对城市生活的深刻影响，扬州的城市生活方式本应该是庞杂无序的。恰恰相反，扬州的城市性质和地位让扬州产生了超强的包容性和融合力，海纳百川，终归于一。扬州不仅有自己独特的生活方式和风俗习惯，也有着自己的社会秩序和价值取向。丰富的传统节庆活动，和谐的邻里关系，相近的价值观念和人生态度。这种依附于城市特色物理空间的非物质文化遗产同样承载着城市的历史记忆，凝聚着城市的精神，反映了城市的个性，体现着城市的核心价值。

瘦西湖 瘦西湖历史上称保障河，是扬州文化遗产中的奇葩。它的前身原本是隋唐、五代、宋元、明清不同时代城濠的不同段落。作为城市西郊传统的游览区，对它的开发利用可以追溯到隋代。明清之际，在盐业经济的刺激下，盐商群体追求享乐，在历史景观的基础上，扬州的造园活动形成了新的高潮。这种风气从城市延伸到郊外。不同姓氏的郊外别墅和园林逐渐形成了规模和特色，扬州水上旅游线路正式形成。营造园林的市场需求吸引了国内，主要是江南地区的造园名家和能工巧匠向扬州汇聚；同时，本地的营造技术专业队伍也迅速地成长壮大。入清以后，康熙皇帝多次南巡，两淮巡盐御史营建高旻寺塔湾行宫，给扬州大规模的营造活动增添了政治动力。之后，乾隆皇帝接踵南巡，地方官员依赖盐商的雄厚财力，对亦已形成的盐商郊外别墅园林进行大规模的增建、扩建，并着力整合资源，提升景观品质，完成了以二十四景题名景观为骨干的扬州北郊二十四景，实现了中国古代造园史上最后的辉煌。瘦西湖景观作为文化景观遗产具有以下的价值：

一、景观艺术价值。瘦西湖景观是中国郊外集群式园林的代表作。瘦西湖狭长、曲折、形态丰富的水体空间，园林或大或小，建筑或聚或散，或庄或野，形成带状景观，宛如一幅中国传统的山水画长卷。它是利用人工，因借自然的典范；是利用人工妙造自然的杰作，极具东方艺术特质和审美价值。体现了清代盐商、文人士大夫和能工巧匠师法自然的追求，与自然和谐合一的理想。在这个景观之中，一座座园林，一处处景观像画卷一样徐徐展开，气势连贯，人工与自然天衣无缝地融为一体。

二、历史文化价值。瘦西湖景观经过历代演变，层累的历史记忆，深厚的文化内涵，最终形成了中国景观设计的经典作品。它既是中国文化景观发展史的缩影；代表了清代中期、中国景观艺术的伟大成就；见证了17～18世纪扬州盐业经济的繁荣和对国家经济文化生活的影响；见证了清中期盐商群体与封建帝王、官员和文化人相互依存的特殊社会关系；也见证了财富大量集聚对社会文化振兴和城市建设发展的特殊贡献。

三、体现人和自然和谐互动的价值。瘦西湖景观是城市聚落营建与水体利用充分结合的杰出范例。它在形成和发展过程中始终兼具城防、交通、生态、游赏等多种功能，与城市发展和人居环境存在着紧密的联系。同时，它在不同阶段功能各有侧重，生动地体现了人与自然和谐互动的关系。

四、瘦西湖景观折射出现世性价值取向。瘦西湖景观体现了造园者和文人雅士模仿自然、寄托理想、营造精神家园的共同追求；也反映了前人对山水的热爱，对自然的尊崇和美的认知。2000多年来，扬州饱经战争的浩劫，战争的残酷成了这座城市痛苦悲摧、挥之不去的集体记忆。在和平的年代里，在繁华的现实中，人们追求及时行乐，注重感官享受，崇尚现世幸福，在城市的文化精神和价值取向上呈现出显著的现世性特征。这种现世性价值取向也深刻地影响了扬州景观的审美取向和使用功能。与东晋诗人谢灵运开辟的以寻求自然与隐逸、体现"人"的主体性为特征的中国文人的山水审美相比，瘦西湖景观则具有浓重的世俗社会色彩、大众文化情趣，呈现出更加鲜活的生命力。

五、瘦西湖景观诠释了战争与和平。扬州自古以来就是兵家必争之地。城濠是城市防御系统的基本设施。战争对城市的毁灭性破坏，城市政治、经济地位的变化都会对城市产生重大影响。因为城市的变迁，废弃了的城濠成为了城市变化的历史记录。能否化腐朽为神奇，考验着古代扬州人的智慧。饱受战争之苦的扬州人民把对战争的厌恶憎恨和对和平美好生活的向往追求的情感投向了这些水体和岸线；用千年的热情，持续的努力，把它改造成充满生活情趣和自然之美的景观带和风景区。化干戈为玉帛，瘦西湖成为战争与和平的矛盾统一体，瘦西湖风景区的前世今生，向全世界诠释了一部战争与和平的动人故事。

海上丝绸之路遗产 扬州是陆上丝绸之路与海上丝绸之路的连接点，它与海外的交通可以追溯到西汉时期。唐代扬州成为名闻遐迩的国际商业都会，又是中国的四大港之一。它不仅与东北亚的暹罗、日本有着频繁的联系，而且与东南亚、南亚、西亚、东非有着贸易的往来。大量西亚陶瓷的出土，印证了史籍上关于扬州有着大食、波斯人居留的记载；城市遗址发现的贸易陶瓷其品类与上述地区9、10世纪繁荣的港市出土的中国陶瓷有着惊人的一致性；印尼爪哇岛"黑色号"沉船打捞出6万多件瓷器和带有"扬州扬子江心镜"铭文的铜镜；扬州港作为中国最早、最重要的贸易陶瓷外销港口，"陶瓷之路"起点的地位和作用越来越清晰；成功派遣到大陆13次的日本遣唐使节，其中有9次是经停扬州的；鉴真东渡，崔致远仕唐，商胡贸易这些文化交流事件影响至今。南宋以来特别到元代，是扬州中外交流另一个重要的历史时期。穆罕默德裔孙普哈丁在扬州建造仙鹤寺传播伊斯兰教，最后埋骨运河边；一批阿拉伯文墓碑和意大利文墓碑出土；基督徒也里可温墓碑的发现；加之，著名旅行家马可·波罗、鄂多立克、伊本·白图泰等人在扬州的行迹证明侨寄扬州的外国人不但数量多，且来源广泛。道教、佛教、伊斯兰教、基督教并存的状况反映了扬州国际化的提升和文化交流的成果。

"海上丝绸之路"属于文化线路遗产。从公元前2世纪开始到公元17世纪，扬州作为中国对外经济文化交流的重要窗口，一直发挥着作用，但它的突出历史地位是在唐代，重点在公元8、9世纪的中晚唐时期。由于历代战争的严重破坏、城市的变迁、长江岸线的位移变化，扬州与海上丝绸之路相关的文化遗产已经很少，除了扬州城遗址（隋－宋）以外，直接相关的遗产点有大明寺、仙鹤寺、普哈丁墓园等。幸好还有扬州城遗址不断出土的考古资料做支撑，大量史籍记载作证明。

扬州海上丝绸之路文化遗产价值主要体现在这几个方面：

一、对佛教文化的东传的贡献。扬州自东晋、南朝以来，就是与朝鲜半岛进行政治文化交流的主要城市之一，也是佛教东传的重要节点。特别是作为新罗使节、日本遣唐使、留学生、留学僧登陆、经停的主要城市，扬州不仅具有特殊的经济地位，同时也是佛教传播的重点区域，它在佛教东传过程中的桥梁作用是独一无二的。鉴真东渡作为佛教东传过程中的重大历史事件，其在文化交流史上的意义超出了宗教本身。

二、在伊斯兰教传播过程中的作用。早在伊斯兰教创立之前，扬州就有大食、波斯人的踪迹和祆教的活动。伊斯兰教创立不久，从海上丝绸之路到达扬州的大食、波斯及东南亚地区的人越来越多，扬州成为他们在中国经商贸易的基地和传播宗教的场所。这种传播活动在唐以后，又形成了新的高潮。伊斯兰教的传入，丰富了中华文化的内涵，体现了中华文明多元并蓄、包容一体的特点。

三、见证了海上丝绸之路带来的繁荣。唐代扬州不仅是国内最大的商业、手工业中心，也是中外商品十分齐全、闻名世界的国际市场，当时它在世界上的知名度和影响力如同今天的纽约、巴黎、伦敦、上海一般。大食、波斯、东南亚地区的商人带来珠宝、香料、药材，运回中国的陶瓷、茶叶、丝绸和纺织品、金属器皿。扬州不仅是本国商人最理想的经商目的地，也吸引着大批国外的商贾聚居于此。就连各地行政机构也在扬州设立办事机构，从事贸易活动。通过海上贸易往来和交流，扬州增进了与世界上不同国家和地区的相互了解，推动了文明的进步，对世界也产生了深远的影响。

四、见证了陶瓷之路的兴盛。古代中国通过海上贸易最大宗的商品不是丝绸而是陶瓷，海上丝绸之路实际上也是海上陶瓷之路。扬州是唐代四大港口中地理位置和经济地位最为重要的港口，也是陶瓷贸易的主要港口。当时南北各地生产外销瓷的主要窑口，如浙江的越窑，江苏的宜兴窑，河北的邢窑、定窑，河南的巩县窑，江西饶州的昌南窑，湖南长沙的铜官窑，广东汕头窑等都把产品运到扬州，再远销东南亚、南亚、西亚，甚至东非。迄今为止，国内还没有哪一个城市遗址出土过数量如此巨大、品种如此丰富的陶瓷实物和标本。扬州的考古成果不仅见证了陶瓷之路的繁荣，也见证了扬州为中国陶瓷走向世界所做的历史贡献。

五、见证了中外文化交流的成果。作为当时中国经济中心的唐代扬州，在中外交流方面既能绽放美丽的花朵，更能结出丰硕的果实；既有量的积累，也有质的提升。中国的建筑艺术、造园艺术、中医中药，包括陶瓷、茶叶以及漆器等各类生活用品通过扬州传播出口到朝鲜半岛、日本、东南亚、南亚、西亚等地。对各个国家各个地区的审美观、价值观，包括生活方式都产生了长远的影响。与此同时，通过扬州这个交流窗口和平台，唐人引进了制糖工艺，改进和提升了金银器加工工艺技术，学会了毡帽等皮革制品的制作。"划戴扬州帽，重薰异国香"成为唐代社会上青年人追求的时尚，扬州毡帽成了炙手可热的畅销品。

长沙铜官窑的窑场主把在扬州市场上获取的经济信息迅速反馈给生产基地。他们通过外国商人了解西亚地区的风土人情、生活习惯、审美要求，甚至在外国商人的直接指导下，对外销产品进行包装、改进，确保适销对路。年轻的长沙窑力压资深的越窑，一跃而成为中国唐代外销瓷的主角。同样，河南巩县窑，在三彩器物的设计、制作上也成功吸引了西亚文化元素。更值得一提的是，由于迎合西亚游牧民族的色彩喜好和风俗习惯，巩县窑还创烧出青花这一外销瓷器新品种，并从扬州出口进行试销。

扬州是一个通史式城市，传统的海上丝绸之路上的重要港口、古代的世界名城。今天我们用世界遗产的视角和标准对其保留的文化遗产进行审视和评估，我们在看到遗产历史跨度大、内涵丰富、具备潜质的综合优势之余，也看到遗产在真实性、完整性方面存在的不足和问题。尽管遗产数量较大、类别众多，但特色不够鲜明，质量不够优秀。扬州如同是一个参加竞技体育比赛的全能运动员，当他在参与每个单项赛事的时候，却没有绝对优势可言。这就需要我们用世界遗产的标准，而不是自订的标准；用文化的眼光，而不是行政的眼光；用敬畏审慎的态度，而不是随心所欲、急功近利的态度；用科学的手段，而不是普通的手段；对扬州现有的主要文化遗产进行深入研究，科学规划，整体保护，不断修复，全面提升，有序利用，合理利用。保护文化遗产是一项系统工程，需要有爱心，有信心，有决心，有耐心，有恒心，坚持不懈地做下去。

回顾新中国成立以来扬州文化遗产保护的不平常的经历，从军管会一号通令开始，历经十几届政府的接力，依靠三代人的努力……在实践过程中，我们有经验、有心得、有贡献，但也有迷惘、痛苦、教训和失败。

扬州的文化遗产保护之路是中国文化遗产保护艰巨历程的缩影，新任扬州市委书记谢正义在总结扬州文化保护经验的时候说到，扬州文化遗产保护之所以取得这样显著的成绩，原因是多方面的。但从政府层面上总结，是因为我们舍弃了一些短期利益，克制了一些开发的欲望，控制了一些发展的冲动，值得中国城市的管理者尤其是历史文化名城的管理者思考和借鉴。

中国是世界文化遗产大国，多元文化内涵、连续发展的历史，创造和形成了富有民族个性特点的灿烂文化和与之相对应的文化遗产。但我们国家的文化遗产保护起步较晚，力量单薄。在砸烂旧世界、创造新世界的口号声中，我们原本饱经战乱、损毁严重的文化遗产更是雪上加霜。此后，又经历"文化大革命"急风暴雨的洗礼。改革开放以后，倡导一切以经济建设为中心，文化遗产保护事业更面临着空前的压力和全新的考验。三十多年的改革开放取得了伟大的成就，但如今需要对我们的发展方式进行反思和调整。唤起文化自觉，以高度的文化自觉来保护民族的文化遗产是时代的新要求、新任务，也是社会主义政治文明和精神文明建设的重要内容。当前，从世界范围看，对文化遗产的态度是衡量一个国家、一个民族、一座城市、一个社会人文明与否的重要标尺。一个不能敬畏自己的历史，不尊重自己文化的民族是可耻的，也是可悲的。乐观地估计，通过经济发展方式的转变、管理考核机制的调整、政府管理者文化遗产保护意识的增强和文化自觉的提升、全社会文明素质的提高，再有十五年至二十年，我们硕果仅存的文化遗产才能度过危险期。

在我们继往开来向更高水平的小康社会迈进的历史发展关键时刻，我们这座具有近3000年历史的城市即将迎来2500年城庆的喜庆日子。对一座城市来说，我们需要继承物质遗产，但更需要积累精神财富，因为精神遗产对城市的作用更久远，更长效。我们申遗办的同仁在日常承担三项繁重申遗任务之余，对近几年的研究成果进行了梳理和筛选，编写出这套文化遗产丛书。它不仅记录了扬州申报世界遗产的足迹，反映了申遗工作的研究成果，同时也寄托了大家对这座伟大城市的深情和敬意。这套丛书也是我们向扬州2500年城庆献上的一份小小的礼物。

回忆过去，展望未来，我们愿同城市的管理者、建设者和全体人民一道，为把这些属于扬州、属于中国、属于全世界的系列文化遗产保护好、利用好作出我们应有的贡献！让历史告诉今天，让历史告诉未来，让历史成就未来！

2013 年 2 月 28 日

序：让历史成就未来——扬州文化遗产概述

目　录

【题说】

　　历史上的扬州，是一座举世公认的宜居名城，在这片坐落于"淮南江北海西头"的神奇热土上，有着两千多年辉煌壮丽的城市人居历史和博大精深、丰富多彩的人居文化。宜居是扬州盘结绵延生生不息的神根灵脉，又是扬州薪火相传常看常新的独家风景。

　　然而时至今日，人们漫步扬州古城区的里巷街落，寻寻觅觅，想要捕捉些心向往之眼见为实的印证，却多半难以如愿。那些曾经伴随着城市的崛起而真真实实出现在这片土地上的秦楼汉阙唐风宋韵，那些作为光灿一代代青史、骄遍华夏丛林的实物形态的古扬州人居文化成果，都已经在历史的烽烟里灰飞烟灭，甚至没留下一丝可得触摸的痕迹。

　　那么，是什么在支撑着这座城市早已不复存在的荣耀，并一再强化传播着人们对于它的如此广泛而坚定的记忆、认同和信念呢？我以为，除了历经岁月琢磨后仍然顽强遗留下来的凤毛麟角般的珍稀实物外，恐怕主要还须归功于我们这个民族孜孜不倦的书记传统和薪火相传的笔墨雅好了。冠盖华夏的千秋人居名城古扬州的繁华磁场，曾经吸引着历朝历代太多的圣皇名贾、高僧文豪、诗仙画怪、乡邦巨擘趋之若鹜、恋而不舍，为它咏叹状摹、树碑立传，将一幕幕声色瑰丽的城市传奇和人居盛事，通过诗词歌赋、典籍、绘画的特殊形式媒介，永久定格保存了下来，成为扬州城市人居文化弥足珍贵的遗产构成。事实上，后来之人正是凭借这些图文佳作，始得以不同程度地感知、复活、激发与传承着对于一座千秋人居名城的记忆与认知的。

我由此产生了一个想法，希望尝试通过对人们习以为常的历代扬州零星分散的图文资料的钩沉梳篦，将其各各放回所处的时空坐标中，疏通路径，生发联想，证之以出土器皿，参之以闾巷传说，看看是否能够从中发现扬州城市人居发展演变的历史轨迹、不同时代的风格面目与独到成果，从而拼缀出一张扬州城市人居文化走过的大致脉络清晰、标点有序的时空地图来。于是就有了这本颇为奇怪的小册子。书中行文以时代为纲，以该时代与扬州人居文化有着密切关联的代表人物和事物为目，尽可能罗致串联本人极为有限的阅读经验范围内的历代诗文图说中所涉

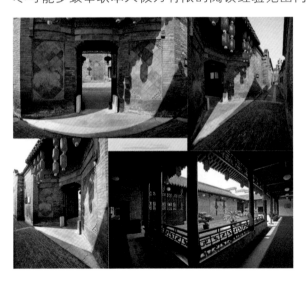

及的扬州人居文化成果和经典传播，于浮光掠影中勾勒出人居扬州从古到今、从质到文、从形式到内涵、从具象实体到文化精神的发展演变的脉络及过程。在和大家一道分享汲古讨源、寻寻觅觅、重温经典、

感受文化的阅读之乐和交流之益的同时，我还收获了一个更为深切而宝贵的体会。那就是一座城市的品质内涵与文化个性，是经过百代经营传承、千年积淀的结果，而宜居扬州的人居文化，从源头一路走来，无愧为一座经历岁月的琢之磨之益之藏之而终于丰厚博大琳琅华美的人文宝库，取之不尽、用之不竭。

虽然我最终弄出的只是一张线条随意、尺度不准的地摊手绘观光图，不可作为法度严谨的国标正规地图用。但却仍希望有哪个同道知音，竟然带上它神游于扬州人居文化遗产的历史丛林中，届时或许真就能有了些方向、添了些路径，多了些兴致，就不容易漏掉些重要而有趣的风景罢。

廊道四景

第1章

应运扬州居
——从古老典籍触摸先秦扬州人居根基

"居住"二字，说来很简单，落到现实中，却是一个有着包罗万象的内容交互支撑起来的精密系统。人类从远古祖先有巢氏走出原始洞穴，到树上搭建起干燥安全的第一座窝棚开始，就有了对于居所的选择和创造，伴随着人类文明的演进，"择居"也就成为人类生存智慧与创造的最高表现形式之一，"宜居"则为其内在品性和显著标志。

第一节　州界多水　水扬波也
—— 传说时代的扬州人居域境

早在距今一万年前的全新世时期，扬州的地界还是一个山海之际的烟波乾坤，茫茫海水一直漫到扬州西南200多里的镇宁山脉。从大量考古发现和卫星拍摄的图片上已经得到证实，绵长的江南山脉就是远古时的黄海海岸线，而蜿蜒起伏的蜀冈，则是昔日的扬州海湾。

扬州有记载的历史，来自于华夏民族的一部古老典籍《尚书·禹贡》，说的是大禹治水，分天下为九州，他把淮河与大海之间的广袤区域名做"扬州"，因为"州界多水，水扬波也"。

东南水世界

观音山崖坡

但这片土地的最后形成，却要归功于母亲河长江。远古而来的长江，在与大海的激情交媾中，不断孕育和诞生着肥沃的冲积平原。经过近万年海路变迁，扬州，也一步步完成了从近海退至滨江的地理迁移过程。据说如今城西北观音山断崖上，还留有滔滔江水的吻痕。

借问扬州在何处？淮南江北海西头！在这片长江、淮河、大海三水环绕的黄金三角州，凝聚着海的丰富、江的深刻、河的柔情；似乎注定了将会有一座不平凡的城市崛起，一些不寻常的故事发生。

第二节　龙虬之文　干邑之武
—— 石器时代的扬州人居滥觞

仁者乐山，智者乐水。傍水而居是原始人类的生存需要，追逐风水则是智慧人类的聪明选择。滨江临海的里下河平原，是造物钟情的灵性之地。距扬州几十公里处的龙虬庄遗址出土考古，早在7000多年前的新石器时期，这里就升起了人类史前文明的灿烂霞光。走进龙虬庄遗址，就像打开一部神秘厚重的史前文明手册。一页页翻读，就像目睹着龙虬

龙虬庄古人类遗址

古邗沟桥旧石刻

庄先民们的生活。他们傍水而居繁衍生息；他们巧夺天工制造陶器；他们学会了稻作栽培和家畜饲养。龙虬庄遗址碳化稻米，是我国首次发现的人工优化水稻品种，也是亚洲最古老的稻米实物遗存。它代表了当时中国稻作农业发展的最高水平，它的发现，将中国史前水稻栽培区从长江以南划到了淮河以南。龙虬庄还出土了刻划着若干组计数符号的鹿角和刻划在磨光泥质黑陶盆口沿的残片上的图文。经专家辨识，这些刻划符号，已具备了原始文字的性质，跟后来河南殷墟出土的甲骨文有着渊源关系。龙虬庄原始刻划符号的出现，把中国文字起源时间向前推进了 1000 年。

根据史料记载，早在周灭商后，扬州境内已经出现了一个臣服于周朝的干国。"水边之岸"曰干，干邑的位置就在扬州城西北郊的蜀冈上。从历史记载和对扬州周边众多古文化遗址的发掘中，我们不但了解到干国是当时南方有势力、有影响的国家之一，还得知干邑的先民们十分尚武，并且善于铸造兵器，而干国青铜冶炼术的发达，则为他们制造农具、舟楫和刀剑提供了有利的条件。

春秋初年，诸侯争霸，烽烟四起。野心勃勃的吴国征服了干邑，在干地筑起了扬州历史上第一座城堡——邗城；开挖了中国历史上第一条沟通江淮的人工运河——邗沟。

第三节　春秋时代的扬州城居之光

《左传·哀公九年》："秋吴城邗沟通江淮。"

仅仅八个字的记载，锁定了一座城市的历史起源。公元前406年的春秋时期，吴国的国王夫差，选择在长江北岸高地——蜀冈之上建邗城、开邗沟，由此开启了扬州城建人居史诗的序幕。

《左传》原名为《左氏春秋》，汉代改称《春秋左氏传》，简称《左传》。相传是左丘明为解释孔子的《春秋》而作，而它实质上是一部独立撰写的史书。它只是以《春秋》为蓝本，通过记述春秋时期的具体史实来说明《春秋》的纲目。吴王夫差在今日扬州界内筑邗城开邗沟，便被轻轻一笔写下了千钧之势。

史学界对这句话的流行说法是，夫差为北伐中原灭掉邗邑，建造了军事城堡，但也有学者对此另作别解。著名历史学家吕思勉先生即认为，早在汉初以前，长江下游的都会城市就有两座，一是位于今日苏州的吴，一是成为今日扬州的广陵。他考辨当年吴王建的邗城不是用作军事的城堡，而是一座吴国新都城，后来汉代吴王刘濞的广陵王城便是在它的基础上发展壮大的。思勉先生推断，刘濞被汉高祖封为吴王，在当时社会战乱刚平饥殍遍野的情况下，是不会选择到荒

邗城故地

凉偏僻之地重张旗鼓另建都城的，正因为吴王邗城有着良好的城市人居基础，才被刘濞顺理成章选作王国之都，并在此基础上建设了一座富甲天下、雄峙东南的广陵王城。

第四节　一冈一沟铸就扬州人居山水宿缘

◎蜀冈与好山情结

　　旖旎平原的扬州，多的是江河湖海，却缺少崇山峻岭。但奇怪的是历来人们却始终不以扬州无山。那又是为什么呢？因为有一座充满神秘传奇和风情万种的蜀冈，静静亘卧于扬城一脉，起伏绵延、藏风含气，阅尽斗转星移、世道沧桑，不仅为千年扬州免去了无山的遗憾，而且令其坦然跻身于山水城市之林。

饮醉千秋的蜀冈风光

　　建造于蜀冈之上的扬州城，历经秦、汉、魏、晋、宋、齐、梁、陈直至隋、唐、宋、元、明、清，两千多年来，几经兴废，但以蜀冈为基点伸缩延展的城址未变，始终依恋着源头这片风水宝地，层层叠加并为现代扬州城所完全叠压。可以说，扬州是一座骑在蜀冈上穿越了千年历史烽烟的城市。

清代画家笔下的蜀冈与邗沟

千年蜀冈

顾祖禹《读史方舆纪要》云："蜀冈在府西北四里，西接仪征、六合县界，东北抵茱萸湾，隔江与金陵相对。"洪武《扬州府志》云："扬州山以蜀冈为首。"《嘉靖志》云："蜀冈上自六合县界，来至仪征小帆山入境，绵亘数十里，接江都县界，迤逦正东北四十余里，至湾头官河水际而微；其脉复过泰州及如皋赤岸而止。"祝穆《方舆胜览》云："旧传地脉通蜀，故曰蜀冈。"陆深《知命录》云："蜀冈盖地脉自西北来，一起一伏，皆成冈陵，志谓之广陵，天长亦名广陵，以与蜀通，故云。"姚旅《露书》云："《尔雅释山》谓独者蜀，虫名，好独行，故山独曰蜀。汶上之蜀山，维扬之蜀冈，皆独行之山也。"府志："蜀冈一名昆冈，鲍照赋'轴以昆冈'，故名。"《太平寰宇记》按《郡国志》云："州城置在陵上。"《尔雅》云"大阜曰陵",一名阜冈,一名昆冈。鲍照《芜城赋》云:"拖以漕渠,轴以昆冈。"《河图括地象》云:"昆仑山横为地轴,此陵交带昆仑,故曰广陵也。"《平山堂图志》按《朱子语类》云:"岷山夹江两岸而行,一支去为江北许多去处。"又云:"自嶓汉水之北,生下一支,至扬州而尽,正谓蜀冈也。"

——《扬州画舫录》卷十六◎蜀冈录

　　蜀冈所代表的山的概念,作为扬州城崛起的源头和依托,为扬州赢得山水城市美誉的同时,更成为人居扬州最重要的精神文化要素,显现出其瑰丽而迷人的风采,其最具代表性的,是明清扬州盐商住宅园林的造山情结和扬派叠石的大行其道我们将在后面专章叙述。所谓"扬州以名园胜,名园以叠石胜"。可以说,蜀冈培育了扬州城市人居好山情结,由蜀冈所启迪的山居概念,与由邗沟所启迪的亲水概念一样,都已经成为扬州人居文化的精华。

清代扬州园林叠石九狮山

当代扬州叠石名家方惠的作品1

当代扬州叠石名家方惠的作品2

当代扬州叠石名家方惠的作品3

◎邗沟与亲水传统

一条东西走向的小河，安静地泊憩在扬州城北的蜀冈坡下，河上有座南北横跨的单孔砖桥，上面刻着三个清晰大字"邗沟桥"。这就是吴王邗沟——经历了两千四百多年沧桑变迁而保存至今的世界上最长运河的最古老一段，扬州城市的历史命运，正是从这条河开始的。

> 邗沟春水碧如油，到处春风足逗留。
>
> 二十四桥箫管歇，犹留明月满扬州。
>
> ——起予《江都竹枝词》

佚名画家创作的《邗沟昏月图》

吴王开挖的邗沟，作为大运河的源头和最古老河段，对两千多年来扬州城市建设和人居生活发生着重大而深刻的影响。不仅成为城市人居建设宝贵的环境资源和依附的对象，而且成为历代吟咏扬州的诗歌中所赞美的对象和画家笔下的风情，成为历史文化名城独一无二的价值载体和文化意象，构建并彰显着扬州亲水人居传统的诗意魅力。

扬州城市人居在源头上，就与蜀冈和邗沟结下了生死相依、不离不弃的宿世因缘。从周朝在这里建干国，到吴王在这里筑邗城；从楚国在这里建广陵，到隋朝称这里为"扬州"。扬州历史上的行政区划曾经无数次更名，邗城、广陵、江都、邗江、江阳、甘泉、维扬、扬州，而其

汉太守张纲开河图

汉顺帝时张纲任广陵太守，在扬州承续两代吴王开邗沟传统，大兴水利，挖渠引水，灌溉农田，深得人民爱戴，为纪念其功业，该渠取名为"张公渠"。

中每一个名字，都与山水有关；每一处所辖地，也都因山水而拥有了各自精彩的故事。一冈一沟，作为扬州城市人居细胞内核和生命胎记的，奠定了扬州城市人居从诞生那一刻起的具有了依山亲水的特征，成为扬州城市人居生长壮大的伟大驱动力。

古邢沟大王庙的香火世代承续

邢沟垂钓

古邢沟玩耍的孩子们

蜀冈邢沟孕育出的今日扬州生态人居

第2章

崛起扬州居
——鲍照《芜城赋》摹状的汉代扬州人居气象

芜城赋

　　公元前 319 年，楚怀王在邗城基础上筑广陵城，扬州自此开始又名广陵。汉代的广陵，在很长时间内都是封国所在地。先是高祖刘邦封从兄刘贾为荆王，广陵属荆国，都于吴。后来改荆国为吴国，封侄子刘濞为吴王，以广陵为都城。刘濞借助广陵近山临海之利，大力发展经济，"即山铸钱"，"煮海为盐"，兴修水利，开盐河，搞运输，种稻栽桑，将广陵城建成了一座雄起江淮的东南大都会，拉开了古老扬州人居诗史的神奇大幕。

　　汉景帝时改吴国为江都国，迁皇子原汝南王刘非为江都王。武帝时改江都国为广陵国，封皇子刘胥为广陵王。王莽时废广陵国，此后在东汉绝大多数时期，扬州均为广陵郡，只有明帝时改广陵郡为广陵国，迁山阳王刘荆为广陵王。而广陵城，便相继成为吴国、江都国、广陵国的都城。这样算来，两汉时期，先后有 16 位王侯走马灯一般兴衰更替，广陵城日复一日积淀着江淮重镇、王侯封国的强盛与繁华。

公元 450 年冬，北魏太武帝南侵至瓜步，广陵太守刘怀之烧城逃走。

公元 459 年，竟陵王刘诞据广陵反，沈庆之率师讨伐，破城后大肆烧杀。

广陵城十年之间二罹兵祸，城摧垣颓，瓦砾衰草，离乱荒凉。

一个乱云飞渡的秋日午后，诗人鲍照登临劫余广陵废城，面对满目凄然的荒芜惨象，追思昔日的万千气象，生出无限伤感，遂写下著名的《芜城赋》。

鲍照，字明远，南朝宋文学家，在南北朝时期文人中成就最高，与颜延之、谢灵运合称"元嘉三大家"。他的文学成就是多方面的。生前就颇负盛名，诗、赋、骈文都有名篇，对后来的作家如唐代诗人李白等更产生过重大影响。

诗人在《芜城赋》中，将广陵山川胜势和昔日歌吹沸天、热闹繁华的景象与眼前荒草离离、河梁圮毁的破败景象进行对比，在对历史的回顾和思索中，寓有今昔兴亡之感。

正是借助这篇在中国文学史上颇负盛名的经典杰作，今天的我们方得以穿越千年时光，接近那个天地间浩荡着大汉雄风的神秘时代，一识两千年前的扬州城市人居的真实面目。

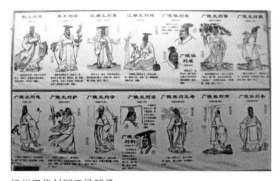

扬州汉代封国王侯群像

汉广陵王印

芜城赋

鲍 照

沵迤平原，南驰苍梧涨海，北走紫塞雁门。柂以漕渠，轴以昆岗。重江复关之隩，四会五达之庄。当昔全盛之时，车挂轊，人架肩，廛闬扑地，歌吹沸天。孳货盐田，铲利铜山。才力雄富，士马精妍。故能侈秦法，佚周令，划崇墉，刳浚洫，图修世以休命。是以板筑雉堞之殷，井干烽橹之勤，格高五岳，袤广三坟，崒若断岸，矗似长云。制磁石以御冲，糊赪壤以飞文。观基扃之固护，将万祀而一君。出入三代，五百余载，竟瓜剖而豆分。

泽葵依井，荒葛胃涂。坛罗虺蜮，阶斗麏鼯。木魅山鬼，野鼠城狐。风嗥雨啸，昏见晨趋。饥鹰厉吻，寒鸱吓雏。伏暴藏虎，乳血飧肤。崩榛塞路，峥嵘古馗。白杨早落，塞草前衰。棱棱霜气，蔌蔌风威。孤蓬自振，惊沙坐飞。灌莽杳而无际，丛薄纷其相依。通池既已夷，峻隅又以颓。直视千里外，唯见起黄埃。凝思寂听，心伤已摧。若夫藻扃黼帐，

汉代特色建筑："阙"

歌堂舞阁之基，璇渊碧树，弋林钓渚之馆，吴蔡齐秦之声，鱼龙爵马之玩，皆熏歇烬灭，光沉响绝。东都妙姬，南国丽人，蕙心纨质，玉貌绛唇，莫不埋魂幽石，委骨穷尘，岂忆同舆之愉乐，离宫之苦辛哉？

天道如何，吞恨者多，抽琴命操，为芜城之歌。歌曰：边风急兮城上寒，井径灭兮丘陇残。千龄兮万代，共尽兮何言！

第一节　山水环境孕育生态人居文化精神

　　泱迤平原，南驰苍梧涨海，北走紫塞雁门。柂以漕渠，轴以昆岗。重江复关之隩，四会五达之庄。

　　《芜城赋》开篇这段文字是对广陵城所处自然地理环境的全面描述。包含三个层次的内容："泱迤平原，南驰苍梧涨海，北走紫塞雁门"，说的是广陵地势广袤，通达南北。"柂以漕渠，轴以昆岗"，漕渠是古时运粮的河道，这里指春秋吴王夫差开的古邗沟；昆岗即蜀冈，广陵城筑在蜀冈上，蜀冈如车轮轴心一般横贯广陵城下。"重江复关之隩，四会五达之庄"，

柂以漕渠，轴以昆岗

则是对汉广陵城的环境优势作了概括，揭示它既是一座为重重叠叠的江河关口所遮蔽的深邃的城市，又是一座有着四通八达大道通衢的交通要塞。

　　《芜城赋》开篇这段提纲挈领的文字，清晰描绘了古广陵城所处的江淮枢纽"重江复关"、"四会五达"的自然疆域环境，同时还强调了广陵城"柂以漕渠，轴以昆岗"的城市建设环境。正是这两个环境的作用下，形成了扬州作为山水城市的精神气格和崇尚生态人居文化传统的起源与滥觞，并为后来的扬州人居建设引入自然山水景观的文化属性奠定了基础，提供了启示。

　　对于汉代扬州山水城市特性作了深刻揭示的，还有西汉大辞赋家枚乘，他在自己的代表作赋体散文名篇《七法》中专门写有"广陵观潮"一节。古代扬州的地理位置与现在有很大不同，几千年前，扬州位于长

江和大海的交汇处，"襟江带海"，地理位置有些类似于今天的上海。说起潮涌，今天的人们大都知道浙江的钱塘江潮。其实，秦汉时期，长江上的广陵潮便已是一大名胜奇观，比后来的钱塘江潮更加波澜壮阔，其宏伟景象使无数骚人墨客荡气回肠，也留下许多传世的文字诗篇。我国历史上最早描写大潮的作品，是2200年前西汉大文学家枚乘的《七发》。"春秋朔望辄有大涛，声势骇壮，至江北，激赤岸，尤为迅猛。"于是"将以八月之望，与诸侯远方交游兄弟并往观涛乎广陵之曲江"的枚乘，以他擎天巨笔和惊世才华，为广陵潮留下了惊艳千古的造像。广陵潮遂成为汉代扬州城市迅猛崛起的某种象征。

疾雷闻百里；江水逆流，海水上潮；山出云内，日夜不止。衍溢漂疾，波涌而涛起。其始起也，洪淋淋焉，若白鹭之下翔。其少进也，浩浩溰溰，如素车白马帷盖之张。其波涌而云乱，扰扰焉如三军之腾装。其旁作而奔起者，飘飘焉如轻车之勒兵。六驾蛟龙，附从太白，纯驰皓蜺，前后络绎。颙颙昂昂，椐椐彊彊，莘莘将将。壁垒重坚，沓杂似军行。訇隐匈磕，轧盘涌裔，原不可当。观其两旁，则滂渤怫郁，闇漠感突，上击下律，有似勇壮之卒，突怒而无畏。蹈壁冲津，穷曲随隈，逾岸出追。遇者死，当者坏。初发乎或围之津涯，荄轸谷分。回翔青篾，衔枚檀桓。弭节伍子之山，通厉骨母之场，凌赤岸，篲扶桑，横奔似雷行。诚奋厥武，如振如怒。沌沌浑浑，状如奔马。混混庉庉，声如雷鼓。发怒庢沓，清升逾跇，侯波奋振，合战于藉藉之口。鸟不及飞，鱼不及回，兽不及走。纷纷翼翼，波涌云乱，荡取南山，背击北岸，覆亏丘陵，平夷西畔。险险戏戏，崩坏陂池，决胜乃罢。汩濦湲，披扬流洒。横暴之极，鱼鳖失势，颠倒偃侧，沈沈湲湲，蒲伏连延。神物怪疑，不可胜言，直使人踣焉，洄闇凄怆焉。此天下怪异诡观也。

——枚乘《七发》

曲江公园：当年广陵观潮处

江淮之间的旖旎平原

第二节　雄富财力铺成都会人居繁荣气象

当昔全盛之时，车挂辖，人架肩，廛闬扑地，歌吹沸天。孽货盐田，铲利铜山。才力雄富，士马精妍。

《芜城赋》中所描摹、展现的汉广陵城，楼宇鳞次栉比，商店货品琳琅满目，到处歌舞升平，长街车水马龙。这是一座用创业激情和充盈财富铺成的繁荣世界，勾勒出一幅盛世人居自在裕如的天堂图景。

古老的汉广陵城建筑在人世间的繁华盛事，早在鲍照抒写《芜城赋》时就已灰飞扬灭、光华不存了。弥足幸运的是，借助中国传统文化中"视死如生"的观念，古人曾将大量尘世场景忠实地复制到了深藏于地下的彼岸世界，致使生活在2000多年后的我们，可以通过不断发掘出的墓葬文物，来重读和见证那一幕幕似乎遥不可及的昔日的繁华。

西汉第一代广陵王刘胥是汉武帝第四子，公元前117年被封为广陵

廛閈铺地　歌吹沸天

王，建都广陵。刘胥与皇后陵寝出土于扬州城北45公里处高邮市神居山境内，是全国罕见的大型汉代墓葬之一，也是国内目前出土的"黄肠题凑"帝王葬制木椁墓葬中最为宏大、精良，且保存最完整的一座。楼宇是生者的宫殿，棺椁是死人的宅屋。这位广陵王不仅建造了令人艳羡的生的人间华屋，而且建造了至善至美的死的地下宫殿。其体量的伟岸高大、形式的华美、质量的坚固、功能的充分，在王侯墓葬中堪称首屈一指。这座超越帝王规格与气魄的黄肠题凑墓葬建筑，正是汉代扬州城市人居雄富财力和豪阔气象的实物见证。

这组扬州出土的汉代陶制人居建筑，包括陶楼、陶谷仓和陶猪圈。它们是作为墓主人死后用的冥器而入葬的，是当时地面建筑的缩影，是东汉时期房屋建筑的式样、结构、风格等诸方面的实物例证；也是当时社会兴盛、百姓富足、五谷丰登、六畜兴旺的世俗社会生活的反映。其中黄釉陶楼通高38.5厘米、面阔20厘米、进深15厘米。陶楼为上下两层，单开间。底楼中间置两扇对开门，门上饰有兽衔环铺首各一件，门前置有三级台阶，两层楼间置筒瓦飞檐。二楼正面置两扇单开窗子，两窗之间的外墙上饰一兽面衔环铺首。楼顶作庑殿式。陶楼除门窗、台阶、飞檐饰青绿釉外，通体饰黄釉。陶质猪圈做工也极为精致，猪圈中间还放置着一只保存完整的小猪陶质模型。整组建筑生动地再现了墓主人的生前生活状态。

汉代市井图
图中绘有楼廊、阙等人居建筑以及杀猪、宰羊、杂技、和尚化缘等市井生活内容，反映了汉代广陵城的繁荣景象。

扬州北郊天山乡汉广陵王葬地神居山

扬州邗江甘泉老虎墩东汉墓出土的黄釉陶楼

汉广陵王黄肠题凑墓葬

扬州汉墓出土的汉代陶谷仓

广陵王墓黄肠题凑

金丝楠木棺椁体构造中榫卯技术的精湛运用，真正的严丝合缝，连最薄的刀片也插不进，体现了当时扬州木作技术的高超与精湛。

扬州邗江甘泉出土的东汉陶猪圈

第三节 王国霸业锻铸城市人居品质气度

故能侈秦法，佚周令，划崇墉，刿浚血，图修世以休命。是以板筑雄堞之殷，井干烽橹之勤，格高五岳，衮广三坟，崒若断岸，矗似长云。制磁石以御冲，糊赪壤以飞文。观基扃之固护，将万祀而一君。

《芜城赋》中所描摹、展现的汉广陵城，又是一座用王权和财富双重力量联袂打造出来的要塞重镇。为了王国的安危、攻防需要而构建的城市人居，追求建筑质量与功能的极致表达和极端超越，彰显出王国堡城豪迈、奢华的风格气度与雄奇风貌。

与此同时，吴王刘濞及后世广陵王侯均来自北方，携带着粗砺、阳刚、雄健的北国文化特质和大汉雄风。由他们所构筑的汉广陵城，正创造与体现了扬州历史上地兼南北二元文化中的北方之雄。我们从扬州出土的颇为有限的汉代人居实物中，即可深切感受到渗透于扬州城骨子里的这一文化特征，堪与《芜城赋》描述的场景互为印证。

制磁石以御冲，糊赪壤以飞文

《芜城赋》所传递的汉代扬州城市人居建设中这一求阔、求好、求精的精神，在锻造了汉代扬州人居独特面目的同时，也奠定了扬州城市人居的基调，并成为近乎世袭的元素，一脉相承地从汉延续到唐，再延续到明清，存续了两千多年。

砖瓦是构建中国传统民居的主要材料，这块扬州出土的汉代"北门壁"城砖，是在蜀冈考古时发现的。《汉书·地理志》记载："广陵为吴王濞所都，城周十四里半。"据专家考证，城砖发掘地点应为汉广陵城的北门所在。砖厚两寸有余，高六寸不到，长一尺一寸半，砖呈黑色，抚之如石，叩之有声。最珍贵的是城砖六面均有隶书阴文——"北门壁"三字，完好如初，平整无缺。汉代用夯土筑城墙，但在城阙部分用砖包砌，以护其壁，故铭文为"北门壁"。"北门壁"城砖质地细密，坚实如铁，在地下沉睡千年而不腐不蚀，体现了鲍照《芜城赋》所描写的国力强盛和"图修世以休命"的城建人居理念。

用来制作黄肠题凑的千年金丝楠木想必也是构筑广陵王宫的极品建材

今日仿汉"阙"形式风格建造的汉广陵王墓葬博物馆门楼

夕阳下神秘而壮观的汉陵苑

扬州蜀冈出土汉广陵城北门壁城砖

第四节　享乐追求冶炼市井生活审美品格

若夫藻扃黼帐，歌堂舞阁之基，璇渊碧树，弋林钓渚之馆。吴蔡齐秦之声，鱼龙爵马之玩，皆熏歇烬灭，光沉响绝。

《芜城赋》在多角度反映汉代扬州城市人居建设成就的同时，更将一种以追求尘世享乐为内核、以崇尚浪漫风雅为形式的汉代扬州生活方式展示给人们。"藻扃黼帐，歌堂舞阁之基，璇渊碧树，弋林钓渚之馆。吴蔡齐秦之声，鱼龙爵马之玩"，在这短短二十字的描述中，展现了一幅玉宇琼楼珠帘绣户、曲水花林垂钓飞矢、歌吹舞乐五彩缤纷、杂技百戏活色生香的都市文化娱乐生活的洋洋大观。

无独有偶，早在鲍照写作《芜城赋》之前，枚乘就已经在他专为讽谏吴王而作的辞赋名篇《七发》的"宫苑"一节中，极其细致地描摹过扬州城市宫苑建筑景观和人居生活场景，涵盖了建筑、园林、美食、音乐、美人等各个方面。枚乘曾做过吴王刘濞的文学侍从。在广陵城待过，《七发》中所描写的场景，很可能来自他亲眼所见、亲身感受到的广陵王城人居景况的记忆。

这一节内容的大致意思是：宫殿的回廊四面相连，台城重叠，色泽深绿，景象缤纷。车道纵横交错，护城河蜿蜒曲折。各种生长着美丽羽毛的鸟儿叫声动听，水中的鱼儿振动着鳍鳞欢快跳跃。河水清净，

藻扃黼帐　璇渊碧树

出土汉代漆画中的鼓琴情景

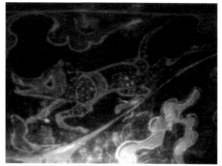
出土汉代漆器上被狩猎者追逐的狂奔的野猪

蓁蓁丛生，高大翁郁的树木蔚然成林。风中混合着草木芳香。人们对景设宴，开怀畅饮，品味着美味佳肴，聆听着悦耳动听的歌唱。弹奏动听的乐曲，有俊男美女作陪。这是天下最奢侈华丽、浩博盛大的宴乐了。

客曰："既登景夷之台，南望荆山，北望汝海，左江右湖，其乐无有。于是使博辩之士，原本山川，极命草木，比物属事，离辞连类。浮游览观，乃下置酒于虞怀之宫。连廊四注，台城层构，纷纭玄绿。輦道邪交，黄池纤曲。涧章、白鹭，孔鸟、鹍鸹，鵁鶄、鸡鹊，翠鬣紫缨。螭龙、德牧，邕邕群鸣。阳鱼腾跃，奋翼振鳞。滧潦菁蓁，蔓草芳苓。女桑、河柳，素叶紫茎。苗松、豫章，条上造天。梧桐、并闾，极望成林。众芳芬郁，乱于五风。从容猗靡，消息阳阴。列坐纵酒，荡乐娱心。景春佐酒，杜连理音。滋味杂陈，肴糅错该。练色娱目，流声悦耳。于是乃发激楚之结风，扬郑卫之皓乐。使先施、微舒、阳文、段干、吴娃、闾娵、傅予之徒，杂裾垂髻，目窕心与；揄流波，杂杜若，蒙清尘，被兰泽，嬿服而御。此亦天下之靡丽皓侈广博之乐也。

——枚乘《七发》

2000多年的汉广陵城，在短短的《芜城赋》中迤逦展开它雄奇瑰丽、充满张力的人居画卷：从自然生态到人文家园，从实用功能到审美升华；从物质形态的创造，到精神文化的蕴藉、漫溢和延展。可以说，此后扬州城市人居的千秋华彩和百代风雅，便是从这里一脉相承，一路走来了。

汉广陵王墓葬黄肠题凑沐浴间中的全套洗浴用品

当代金丝楠木大画桌
2009年扬州民间艺匠用汉代金丝楠木雕制的"灵芝大画桌"获第三届全国文化纪念品博览会金奖，被评委誉为"当今古金丝楠木大画桌之最"。

第3章

传奇扬州居
——阴错阳差编织的魏晋南北朝扬州人居佳话

魏晋南北朝时期，堪称扬州历史上一个特别时期。北方少数民族的入侵，中原政权的分裂，由此带来连绵不绝的战争，摧毁了汉广陵城的辉煌，却抹不掉人们对它曾经拥有的繁荣与富庶的刻骨铭心的记忆、向往与怀念。不经意间，竟留下几个亮点和迷案，恰到好处地填补了扬州历史上的一段荒凉与寂寞，承上启下，卓有成效地承续了人居扬州的千秋文脉。

第一节 谢寺双桧、甲仗楼与谢安七墅
—— 扬州城市建筑的人文积淀

公元383年发生的淝水之战，是影响中国历史进程的一次重要战争。东晋谢安的8万军队打败了前秦苻坚的80万大军，谱写了中国古代战争史上以弱胜强的辉煌一幕。然而，更为这一战役增添魅力的，还有关于它的两则流传千古的幕后花絮。一是"围棋赌墅"：东晋军队的最高指挥官谢安和战役的领兵将军谢玄在决战前夜跑到别墅里面去下围棋，并用别墅做赌注以决胜负；二是"谈笑静胡沙"：谢安是一边下围棋，一边指挥军队，打赢了这场战争。那么谢安边下棋边谋兵布局的指挥部在哪里，谢氏叔侄赌棋的别墅在哪里？它们就在扬州。

谢安（320—385）陈郡阳夏（今河南太康）人，西晋末年发生"八王之乱"，再加上王弥、石勒起兵，匈奴攻逼，搞得"中原萧条，白骨涂地"。司马政权南迁，世家大族南移。谢氏一门多人都是东晋政权的重臣，长期担当要职。但谢安本人却在南迁后一直隐居山林，不问政治。东晋政权几次三番请他出山，他都"高卧不起"，朝廷甚至对他采取"禁锢终生"的高压手段相威胁，他还是漠然无动"吟啸自若"。东晋穆帝永和九年（353）的三月三日上巳节那天，三十三岁的谢安与大书法家王羲之等四十一人，

谢安别墅所在的古天宁寺山门

文徵明《兰亭修禊图》

在山阴兰亭举行了著名的兰亭修禊。有意思的是,到了一千多年后的扬州,就在距离当年谢太傅别墅不远处,又上演了中国历史上两大文化雅集的另一幕"红桥修禊"。

谢安后来四十多岁开始步入政坛。由侍中而吏部尚书、尚书仆射、后将军、扬州刺史、中书监、录尚书事,并以指挥淝水战役名垂千古。

谢安的一生可以分为两个阶段:第一阶段是四十多岁前隐居山林"高卧东山"。东山指今天浙江绍兴、上虞一带,他在那里有一个面积数千亩地的谢氏私人大庄园。庄园里有山有水,他一直在庄园里隐居,过着"世外桃源"的生活。第二阶段是他出仕从政的"东山再起",成为东晋政权"顶

谢安

运筹指尖决胜千里

梁柱"人物。虽然南京乌衣巷曾是闻名青史的谢氏府第，但谢安后期大多数时间却是待在扬州。他数度当过扬州刺史、广陵相，他提议组建的北府兵的军府在扬州，指挥淝水之战也是在扬州。水之战后谢安声望极高，招致王室猜忌，他干脆要求出镇广陵，住在扬州不走了。

　　谢安长期驻守扬州，在扬州城里建起别墅宅院。他把热爱自然山水的天性和长期隐居江南的审美体验用在住宅的营造中，将别墅地址选在风景秀丽的扬州城北，在别墅里大量种植奇花异木，其中有两株桧树长得特别茂盛，到唐代时已经挺拔参天。诗人刘禹锡有一首题咏谢寺双桧的诗。

　　　　　双桧苍然古貌奇，含烟吐雾郁参差。
　　　　　晚依禅客当金殿，初对将军映画旗。
　　　　　龙象界中成宝盖，鸳鸯瓦上出高枝。
　　　　　长明灯是前朝焰，曾照青青年少时。

　　　　　　　　　　　　　　——唐刘禹锡《谢寺双桧》

今天的天宁寺，曾位居清代扬州八大名寺之首、素有"淮南第一禅林"之称，并作为乾隆皇帝驻跸扬州的行宫。相传它的前身就是东晋谢安别墅。据扬州画舫录考辨记载：从位于北柳巷中部的法云起，到天宁止，包括彩衣街和北柳巷的大半部分，都曾经是谢太傅的宅第。当年谢太傅选择建造别墅住宅的风水宝地，到了一千多年后的清代，

高城矮墅两相宜

仍然是扬州最美的北郊佳丽之地——著名湖上园林二十四景的起点，谢安别墅后身的天宁寺西园恰恰作了乾隆皇帝的行宫，这里成了大清天子登上龙舟画舫游览园林风光的御码头。与其说它是历史巧合，不如说这

元代吴镇《双桧平远图》

双桧呵护的天宁寺大殿

是扬州城市人居文脉的生生不息，绵延传承。

天宁寺居扬州八大刹之首……传晋时为谢安别墅。义熙间，梵僧佛驮跋陀罗尊者译《华严经》于此。右卫将军褚叔度特往建业请于谢司空琰，求太傅别墅建寺。又《华严经》序云："尊者于谢司空寺别造履净华严堂译经。"又曰："寺西杏园内枝上村文思房有银杏二株，大数围，高百三十余丈，谢太傅别墅在此。"雍正间，徐太史葆光为题"晋树亭"额。又城中《法云寺志》云："晋宁康三年，谢安领扬州刺史，建宅于此。至太元十年，移居新城，其姑就本宅为尼，建寺名法云，手植双桧。"……《华严经序》亦云："尊者别建履净华严堂。自谢太傅舍宅为寺，寺域甚广，墩列于前，亦属寺界……古之谢宅，当自法云起，至天宁止，并今之彩衣街之半，北柳巷之半，为民居者皆是也。"

——清李斗《扬州画舫录》卷四◎新成北录中

既然是出镇广陵，自然少不了军事活动。为了防务，谢安还在扬州以东十几公里处的步丘即今邵伯镇建造了步丘堡垒，并在垒内砌筑了一座雄伟壮观的甲仗楼。因为他把军事堡垒建造得和城市一样漂亮，人们称之为新城。唐朝诗人张籍曾经写诗细致描摹了甲仗楼的建筑之丽和景色之美。

谢氏起新楼，西临城角头。图功百尺丽，藏器五兵修。

结缔榱甍固，虚明户槛幽。鱼龙卷旗帜，霜雪积戈矛。

暑雨熇蒸隔，凉风宴位留。地高形出没，山静气清优。

睥睨斜光彻，阑干宿霭浮。芊芊粳稻色，脉脉苑豁流。

郡化黄丞相，诗成沈隐侯。居兹良得景，殊胜岘山游。

——唐张籍《新城甲仗楼》

步丘新城筑成后，谢安登临视察，西边湖面广阔，烟波浩渺，东面阡陌纵横，良田无垠，决定在此长久安居颐养天年，就派人去建康将夫人刘氏和全家老小与奴仆统统迁来步丘。谢安重新过起安逸闲适的生活，经常带着歌伎舞女到四乡游玩，据说他每见一处风景优美，就要在那里造一所别墅。今日江都县的邱墅、戚墅、乔墅、周墅、桑墅、樊墅以及江边的杨墅，就是传说中的"谢安七墅"。

一千多年前的谢安别墅虽然没留下任何可供参考的实物见证，却保存下大量的文字记载和诗赋咏叹。它们作为当时代扬州人居建筑的精彩样本，沉淀在城市文化的记忆里，经久流传，影响并作用着后来的人们。

谢安七墅何处寻，风景依旧似当年

第二节 风亭 月观 吹台 琴室
—— 扬州园林建筑模式的成型

蜀冈:当年花药成行地

　　广陵城旧有高楼,湛之更加修整,南望钟山。城北有陂泽,水物丰盛。湛之更起风亭、月观,吹台、琴室,果竹繁茂,花药成行,招集文士,尽游玩之适,一时之盛也。

《宋书》卷七十一◎徐湛之、江湛、王僧绰传

　　西晋"永嘉之乱"后,北方士族及民众为逃避兵灾纷纷越淮渡江南迁,晋室南渡后,东晋朝廷为了安抚南逃士族豪强的情绪,就用他们原籍的州郡地名在他们现居地设置官衙。土地没有了,官衙却仍然保留着,这不能不是偏安江南的东晋王朝的一大创造。

北方豪门望族的纷纷南徙，也将他们所代表的有着皇家根脉的根基深厚的中原人居文化带到了江南。骤然闯入他们视野和生活中的江南的秀山丽水，激发人们对自然美鉴赏力的提高，于是披奇揽胜成为世家贵胄和士大夫日常生活中不可或缺的部分。正是在这个时期，中国的画家也开始摹山范水。虽然早期北方的戴逵、顾恺之等也作过山水画，但山水画真正脱离人物背景而独立成科，则从南朝刘宋时期始。这时出现一位专业山水画家宗炳（375—433），他一生隐居不仕，酷爱自然，游踪遍及江南湘鄂名山大川。晚年将生平所见名胜绘于壁上，作为"卧游"，仿佛置身大自然中，怡然自得。他还在《画山水序》中提出画山水以"澄怀观道"、"畅神怡身"为宗旨，即通过对天地自然的描绘和欣赏，来领悟老庄超脱无争之道，抒发精神追求，怡娱身心。这种亲近自然、融入自然，由山水及人生的观念进一步得到深化，也直接影响甚至再造着包括扬州在内的江南人居文化。公元447年，南兖州刺史徐湛之为扬州园林建筑开创了示范性工程。

衣冠南下时流徙到扬州境内的多为青州、兖州一带的士族民众，晋明帝太宁三年（325），在时称广陵的扬州侨置了兖州。晋成帝时，兖州改称南兖州，治所改为京口。到了南朝宋武帝永初元年（420），又撤南青州并入南兖州，把侨置在广陵郡的原青州各侨郡侨县改属南兖州。文帝元嘉八年（431），再改南兖为实州，分江而治，南兖州割江淮为境，治所再次设在扬州。

徐湛之（410—453）字孝源，东海郯（今山东郯城）人。司徒羡之兄孙，吴郡太守佩之弟子也。祖钦之，秘书监。父逵之，娶南朝刘宋高祖长女会稽公主为妻，封振威将军、彭城、沛二郡太守。

徐湛之资质聪慧，风流多才。善于尺牍，音辞流畅。加之出生在贵戚豪家，产业

徐湛之像

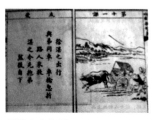
徐湛之出行图

丰厚。史书说他"室宇园池，贵游莫及。伎乐之妙，冠绝一时。门生千余人，皆三吴富人之子，姿质端妍，衣服鲜丽。每出入行游，途巷盈满，泥雨日，悉以后车载之"。公元 447 年，徐湛之出任前军将军、南兖州刺史，驻守扬州。这位风流倜傥贵公子到了山柔水软的扬州之后，在大大展现了他"善为政，威惠并行"的政治才干的同时，更是如鱼得水地恣意抒发起风花雪月的闲情雅致来。他看到昔年桓温在扬州所筑的广陵城楼已经颓毁不堪，就对其作了重新修筑加高，使之登楼可以尽情眺望欣赏到江南山色。巡视境内，他看到广陵城北遍布丘陵水泽，草木丰茂，顿生欢喜之心。就依据地形高低依山傍水分别筑起了风亭、月观、吹台、琴室，还在周围广为种植竹子、果树、芍药等奇花异卉、名木佳果，每天邀集众多文人雅士一道前来游览观光，饮酒赋诗，盛极一时。

徐湛之在扬州虽然时间不长，但这位南兖州刺史留下的短暂风雅，却为后世扬州园林建设提供了可资借鉴的范式。他在蜀冈之上建造的风亭、月观、吹台、琴室，虽然早就泯灭无痕，但却被一代代的人们所仿效复制，至今仍然活在扬州园林里，讲述着前世今生悠久绵长的传说。

芍田迎夏

风亭、月观、吹台、琴室

第三节　东阁官梅动诗兴
—— 扬州人居风雅传统的传播

　　这是由两首诗引发的一桩关于扬州的历史悠久的公案。一首是南朝梁诗人何逊的《扬州法曹梅花盛开》，一首就是大唐诗圣杜甫的《和裴迪登蜀州东亭送客逢早梅相忆见寄》。

　　南朝梁代著名诗人何逊，字仲言，东海郯人，出身小官吏之家。八岁能诗，弱冠州举秀才，官至尚书水部郎。后人称"何记室"或"何水部"。诗与阴铿齐名，世号阴何。他写诗善于写景，工于炼字。对后世颇有影响。唐代大诗人杜甫对他极为赞赏，称他是"能诗何水曹"还说自己"颇学阴何苦用心"。

　　何逊出身贫寒，仕途很不得意。梁武帝天监年中，曾任建安王萧伟的记室，深得萧伟信任，日与游宴，不离左右。这首题作《扬州法曹梅花盛开》的诗，便是此时所写。这诗中的"扬州"，治所是当时的建康，也就是今天的南京。对这一点，宋人张邦基说得很清楚："东晋、宋、齐、梁、

金农梅花

何逊

陈皆以建业为扬州,则逊之所在扬州,乃建业耳,非今之广陵也。隋以后始以广陵名州。"但正是由于隋朝之后广陵改称扬州,后世的许多疏于地理考证的人们,往往就只认扬州是广陵,而不知建康曾叫过扬州了。这么一来,何逊的这首咏梅诗,在流传中渐渐形成了另一个解读版本:诗中题咏的是扬州法曹的梅花,何逊也和扬州结下了不解之缘。

> 兔园标物序,惊时最是梅。
>
> 衔霜当路发,映雪拟寒开。
>
> 枝横却月观,花绕凌风台。
>
> 朝洒长门泣,夕驻临邛杯。
>
> 应知早飘落,故逐上春来。
>
> ——南朝梁何逊《扬州法曹梅花盛开》

如果仅仅是人们对于何逊这首咏梅诗的误解,倒也没有什么,问题的关键就出在唐代诗圣杜甫的一首《和裴迪登蜀州东亭送客逢早梅相忆见寄》诗上了。杜甫诗中援引何逊咏梅的典故,写出"东阁官梅动诗兴,还如何逊在扬州"的句子。借助于诗圣的名望传播,遂将"何逊扬州咏梅"遂变成了一桩后代文人频频使用的成语掌故:"东阁官梅"。

> 东阁官梅动诗兴,还如何逊在扬州。
>
> 此时对雪遥相忆,送客逢春可自由?

幸不折来伤岁暮，　若为看去乱乡愁。

江边一树垂垂发，　朝夕催人自白头。

——唐杜甫《和裴迪登蜀州东亭送客逢早梅相忆见寄》

千秋而下，伴随着杜甫这首诗的广为流传，深入人心，"东阁官梅"的扬州究竟在哪里的争论也从未休止。即便何逊原本的确是和后来的扬州并没有什么关系，即便何、杜两首诗中所指的扬州实际地点其实都是南京，但现实中的"扬州"二字毕竟已经永远只属于今日的扬州。伴随着诗歌的流传，它将诗中那个早就名不副实的扬州之名轻而易举地合二为一据为己有。事实上人们只要说到何逊，说到东阁官梅的典故，就不可能不想到扬州，提到扬州。借助以讹传讹的善意的误读，美丽的东阁，多情的梅花，都已经化作扬州人居文化不可抹去的一道丽影，一缕芬芳。

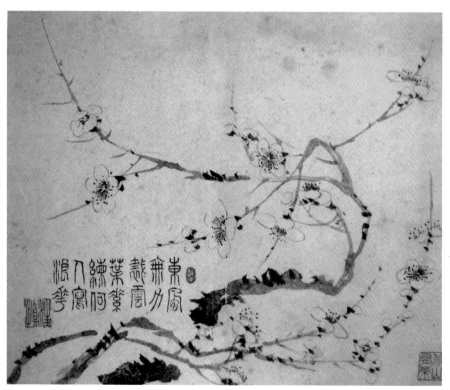

金农绘东阁梅花

第 3 章　传奇扬州居——阴错阳差编织的魏晋南北朝扬州人居佳话

043

今日扬州鹤又来

第四节　腰缠十万贯　骑鹤上扬州
——扬州城市人居品牌的形成与传播

　　"有客相从,各言所志,或愿为扬州刺史,或愿多赀财,或愿骑鹤上升。其一人曰,腰缠十万贯,骑鹤上扬州,欲兼三者。"

——《渊鉴类函·鸟·鹤三》

　　古代类书《渊鉴类函·鸟·鹤三》有一段引南朝梁殷芸《小说》的文字,

说的是几个人聚在一起各谈自己的志向，有人想当扬州刺史，有人想要很多钱，有人希望骑鹤升天。其中有一人说道，我想要"腰缠十万贯，骑鹤上扬州"，可谓一举三得。这则历史上流传广远的"扬州鹤"的著名典故，对于扬州城市人居品牌的形成和传播具有重要意义。

尽管有专家学者考证故事中的扬州，也和何逊诗中的扬州一样，指的都是当时的南京。但在古往今来的故事接受者的心目中，这里的扬州，和历史上那个"廛闤铺地，歌吹沸天"的广陵王国，和"扬一益二"的唐代扬州是完全吻合的。"腰缠十万贯，骑鹤上扬州"就是屡屡以繁华兴盛名动青史的这座古老名都扬州城市人居生活的真实写照和缩影，是古今人们对于扬州城市人居品牌的传播和认知。

淮左名都竹西佳处

第 4 章

梦幻扬州居

——总管皇帝恣意泼洒的隋代扬州人居迷情

江都宫乐歌

杨　广

扬州旧处可淹留，台榭高明复好游。

风亭芳树迎早夏，长皋麦陇送余秋。

渌潭桂楫浮青雀，果下金鞍跃紫骝。

绿觞素蚁流霞饮，长袖清歌乐戏州。

公元 605 年，中国社会在经历了魏晋南北朝的分裂战乱之后，建立了全国统一的隋朝政权。隋朝虽只持续了文帝、炀帝父子两代，但开启了中国历史上一个具有重要意义的时代。确切地说，扬州之于隋炀帝杨广来说，似乎是一份冥冥中注定的不解因缘。他青年立身于此，发祥于此，登基后复魂萦梦绕苦苦纠葛于此，他开挖的运河造就了扬州城市的千秋繁荣，他建造的迷楼成为扬州人居取用不尽的灵感源泉。所以，虽然隋朝立国只有短短 30 多年，然而当杨广最终将性命家国也一并交付于这座生死相恋的城市时，也把自己对于人居扬州的一份特殊贡献，镌刻在城市历史文化的不灭记忆中。

隋炀帝运河

古运河上茱萸湾，多少龙舟画舫迤逦过，盘缠过几多殿脚女的燕迹鸿影，供今日游人凭吊？

第一节　隋宫迷话
——一桩史上最具传奇意味的建筑奇案

古代画家笔下的隋炀帝

画家笔下的隋炀帝下江都

隋炀帝杨广早在隋开皇十年（590年）调任扬州总管，在时称江都的扬州一住十年，这里有他苦心经营的雄厚基业。登基称帝后的他，仍然深深眷恋着江都之繁华，于大业元年（605年）下令开挖从东都洛阳达扬州的大运河，并派长史王弘督造龙舟并大造江都宫。

关于炀帝在扬州建造了多少宫殿，《嘉庆一统志》有较为详细的记载："临江宫在江都县南二十里，隋大业七年，炀帝升钓台临扬子津，大燕百僚，寻建临江宫（一名扬子宫，内有凝晖殿，可眺望大江）于此。显福宫在甘泉县东北，隋城外离宫。……江都宫在甘泉县西七里，故广陵城内。中有成象殿，水精殿及流珠堂，皆隋炀帝建。……十宫在甘泉县北五里，隋炀帝建。《寰宇记》：十宫在江都县北五里长阜苑内，依林傍涧，高跨冈阜，随城形置焉。曰归雁、回流、九里、松林、枫林、大雷、小雷、春草、九华、光汾。"另外，《寿春图经》也有记载："隋十宫在江都县北长阜苑内，依林傍涧，因高跨阜，随地形置焉。"

从大业元年（605）八月起，杨广三次通过大运河到江都巡游。住在极尽豪华的江都宫里，他仍然感到不满足。他嫌"今宫殿虽壮丽显敞，苦无曲房小室，幽轩短槛"，听皇上如此抱怨，近侍高昌奏道："臣有友项升，浙人也，自言能构宫室。"皇帝马上召见了项升。项升进献新宫图一幅，炀帝看后大悦，当即诏命有司依图建造新宫。数万工匠大兴土木，费用金玉，帑库为之一虚。于是，一座天上绝无、人间仅有的新宫殿又造好了。这宫殿楼阁高下，轩窗掩映。幽房曲室，玉栏朱楯，互相连属，回环四合，曲屋自通。千门万户，上下金碧。金虬伏于栋下，玉兽蹲乎户旁，壁砌生光，琐窗射日。工巧云极，自古无有。人误入者，虽终日不能出。炀帝游迷楼后，大喜过望，对左右大臣说："此楼曲折迷离，不但世人到此，沉冥不知，就使真仙游其中，亦当自迷也。就叫它'迷楼'吧。"迷楼由此得名，又称新宫。清人《隋唐演义》第四十七回记："炀帝在江都范城中，又造起一所宫院，更觉富丽，增了一座月观迷接九曲池，又造一座大石桥。炀帝日逐在迷楼月观之内。"

扬州隋宫遗址

从清代邗上画家袁江的楼阁图遥想临江宫

迷楼故址观音山

　　由此可见，当年扬州的隋宫其实应是一组庞大而分散的宫殿建筑群落的统指，临江宫、显福宫、江都宫、十宫（长阜苑）、新宫（迷楼）。只是因为迷楼为最后建造，且最具特色，也最有名气，所以后来它便成了扬州所有隋宫御苑的指称了。后来，随着后来炀帝被叛将所杀和隋朝的灭亡，迷楼连同全部隋宫御苑一道毁于大火，不仅让这座奇巧美丽的如同迷一样的建筑从此陷入层层包裹的历史的迷雾里，也让曾经绚烂多姿各有千秋的江都宫系也皆尽淹没在迷楼的遮蔽里。

　　南宋宝祐六年至开庆元年（1258—1259），时贾似道守扬州，在蜀岗东岸原隋宫遗址上建起了一座摘星寺，又名摘星楼。宋灭亡后，明代人们将摘星楼改为"鉴楼"，并题匾在楼上，以喻隋朝国亡可鉴。这座鉴楼后来屡废屡修，今之楼乃清代重建，是扬州的览胜佳处。人们在登临之余，还可谈往事，话兴亡，论古鉴今，从中悟出一些发人深省的道理来。

　　关于迷楼究竟是建在扬州还是建在长安，鉴楼亦即摘星楼所在是不是隋炀帝迷楼故址，前人有过不同的争辩，扬州古方志中也有不同说法。但我们是否可以这样说：作为历史事实的迷楼和摘星楼遗址，固然尚需待考古发掘来做最后定论，但作为文化视野中的迷楼，却是毋庸置疑的，

迷楼遗址上的鉴楼

千百年来，已经深深扎根在扬州这座城市的土壤之中，成为扬州城市人居建筑的历史要素，发挥着潜移默化的作用。

第二节　隋宫题咏
——一幅亦真亦幻迷醉千秋的瑰丽画卷

集隋朝倾国之财力、聚华夏工匠之智慧而建造起来的隋宫迷楼，伴随着短命皇帝和短暂政权的昙花一现，旋即在冲天大火中复归于虚无。唯其如此，它那惊艳凡尘的绝世美丽，也如惊鸿一瞥，留一个谜样的倩影，永远定格在人们的鲜明记忆与无尽怀想中。于是在迷楼的废墟上，不仅崛起了一个"夜市千灯照碧云，高楼红袖客纷纷"的大唐人居盛世，而且滋生出比一座宫殿建筑更为辉煌绚烂的诗的花园。

隋 宫

唐·李商隐

紫泉宫殿锁烟霞，欲取芜城作帝家。

玉玺不缘归日角，锦帆应是到天涯。

于今腐草无萤火，终古垂杨有暮鸦。

地下若逢陈后主，岂宜重问后庭花？

同诸公寻李方直不遇

唐·包何

闻说到扬州，吹箫忆旧游。

人来多不见，莫是上迷楼。

宿扬州

唐·李绅

江横渡阔烟波晚，潮过金陵落叶秋。

嘹唳塞鸿经楚泽，浅深红树见扬州。

夜桥灯火连星汉，水郭帆樯近斗牛。

今日市朝风俗变，不须开口问迷楼。

望海潮·广陵怀古

宋·秦观

星分牛斗，疆连淮海，扬州万井提封。花发路香，莺啼人起，珠帘十里东风。豪俊气如虹。曳照春金紫，飞盖相从。巷入垂杨，画桥南北翠烟中。

追思故国繁雄。有迷楼挂斗，月观横空。纹锦制帆，明珠溅雨，宁论爵马鱼龙。往事逐孤鸿。但乱云流水，萦带离宫。最好挥毫万字，一饮拚千钟。

思越人

宋·贺铸

京口瓜洲记梦间。朱扉犹映花关。

东风太是无情思，不许扁舟兴尽还。

春水漫，夕阳闲。乌樯几转绿杨湾。

红尘十里扬州过，更上迷楼一借山。

隋 宫

清·陈恭尹

谷洛通淮日夜流，渚荷宫树不曾秋。

十年士女河边骨，一笑君王镜里头。

月下虹霓生水殿，天中丝管在迷楼。

繁华往事邗沟外，风起杨花无那愁。

浣溪沙

清·纳兰性德

无恙年年汴水流，一声水调短亭秋，

旧时明月照扬州。曾是长堤牵锦缆，

绿杨清瘦至今愁，玉钩斜路近迷楼。

迷楼挂斗，月观横空

紫泉宫殿锁烟霞

江横渡阔烟波晚

更上迷楼一借山

莫是上迷楼

第三节　隋宫胜概
——一部人居扬州承前启后的建筑宝典

扬州胜景春台明月

　　秦始皇在长安建造的阿房宫，隋炀帝在扬州建造的隋宫迷楼，堪称中国古代建筑史上辉映南北的双璧。它们同样达到了中国古代建筑艺术的登峰造极之境，却又有着同样悲情的命运。然而，正是借助文化的记忆、传播与再生的力量，出自北方工匠之手的阿房宫，借助诗人杜牧的名赋传神再现，迤逦再现于北方建筑的雄奇壮丽中；而秀出江南的隋宫迷楼则凭借更多的是记载、描摹和咏叹，宛转复活在南方人居的秀美机巧里。正如炀帝曾经自夸道："这迷楼中，有一十二重台阁，二十四座亭池，三十六间密室，七十二处幽房，一百零八所雕闼，三百五十六层绣闼，还有无数的曲槛回廊，还有许多的朱栏翠幌，内中千门万户，都是婉转相通，逶迤相接。朕常说就有真仙来游，亦当自迷，故起名叫做迷楼。"如今，隋宫迷楼所具有的曾经冠绝一时的创意与构撰，俨然在扬州人居的建筑构撰中觅到许多对应的传承。

◎千门万户，逶迤相接；幽房曲室 轩窗掩映——从隋宫的私密功能看扬州人居"进路"结构"庭院深深深几许"的精当布局

扬州传统民居住宅多采用多进多路纵横交织、进进相套、路路相连、处处设门、闭合两宜的合院矩阵。每进院落都有自己的厅厢结构，有三间两厢，有"六间四厢"，有"明三暗四"或"明三暗五"，庭院深深深几许，雨打梨花深闭门。把帝王宫殿"千门万户，逶迤相接；幽房曲室，轩窗掩映"的私密功能分解演化成寻常百姓的亲和有序的家居生活。

三进三路的汪氏小苑宛然显现出千门万户逶迤相接、幽房曲室轩窗掩映的意境

三进三路的汪氏小苑宛然显现出千门万户逶迤相接、幽房曲室轩窗掩映的意境

◎玉栏朱楯，互相连属，回环四合，曲屋自通——从隋宫的变通功能看扬州人居"串楼"与"复道回廊"的精彩构撰

扬州古民居的串楼是将合院式住宅的每一进平房整体向空中立体生长为楼层，建成围合式空格楼阁。楼的四周和每进楼之间辅以迂回环绕的复道回廊与上下梯道，使四面相连、上下相接、楼楼相通、进进畅达，这一华丽而灵动的合院式楼宇住宅，将古宫殿建筑"玉栏朱楯，互相连属，回环四合，曲屋自通"的家族居住功能发扬继承演绎得异常完美。

◎朱栏翠幌，雕闼绣闼；琐窗射日，壁砌生光；金虬伏于栋下，玉兽蹲乎户旁——从隋宫的装饰手段看扬州人居无所不在的精美宅饰

装饰手段的应用，在中国传统建筑装饰上一直占据最重要的位置。我们尤其鲜明地看到，隋宫迷楼中极致张扬的建筑装饰技艺，同样在扬州传统民居中得到了出色传承。走近任意一座老宅，不经意间触目所及，就能从每一座磨砖门楼、门枕石开始，到每一面福祠、每一座照壁，再到每一面槅扇门窗、每一道走廊栏杆、每一座厅堂罩槅，梁上柱头、挂

扬州古民居的串楼卢氏盐商大宅将"玉栏朱楯，互相连属，回环四合，曲屋自通"的建筑特色表达得酣畅淋漓　周泽华摄

极尽华丽的厅堂门窗，真正"琐窗射日，壁砌生光"

落雀替、斗卷棚，乃至踏步地漏，连同厅堂内精心设置的桌、茶几、屏风等等，几乎到处都能看到"朱栏翠幌，雕闱绣闼；琐窗射日，壁砌生光；金虬伏于栋下，玉兽蹲乎户旁"的情景。

◎依林傍涧，高跨冈阜，随城形置——从隋宫的择地赋形看扬州人居园林生态化的完美演绎

择地赋形的人居建筑观，是炀帝隋宫迷楼贡献给后世江南园林人居的极宝贵的经验启示。唐代扬州的"园林多是宅"，"有地惟栽竹"的城市园林住宅的兴盛，明代计成《园冶》中总结出"虽由人作，宛自天开"的造园核心理论，再到清代康乾盛世名闻遐迩的"扬州以园亭胜"，无不从隋宫迷楼的"依林傍涧，高跨冈阜，随城形置"一脉蘖出，蔚成大象，生动清晰地镌刻着扬州城市人居园林生态化的完美演绎。

◎十宫，成象殿，水晶殿及流珠堂——从隋宫建筑题名特色看扬州人居文化的诗意内涵

在中国传统人居理念中，一座完美的住宅不只是屋宇、宫殿、亭台

扬州人居中依山傍水而建的古祠堂建筑——徐园

楼阁、山水林花，而且还是一种人格理想、情致兴趣、生活态度的表达、寄予和抒发，由此促生了中国古典人居建筑注重题名以及与其相关的匾联艺术。隋宫迷楼不仅以前所未有的规模建造起人间罕见的瑰奇宫殿，更以令人惊叹的文化审美热情，为这些宫殿和建筑赋予了鲜活浓郁的人文色彩：成象殿涵纳着吞吐日星思接天人的帝王气象，水晶殿充盈着明洁剔透冷艳照人的寒光，流珠堂则如一曲欢快玲珑清新圆润的南国丝竹。至于归雁、回流、九里、松林、枫林、大雷、小雷、春草、九华、光汾等江都十宫的题名，更是将一种毫无修饰的华美阔丽渲染得淋漓尽致。

扬州古园林人居中依水而建形同卧凫的凫庄，堪称"择地赋形"的典范

除此之外，隋炀帝还在城西北丘陵地带的今日大仪乡所在地建造了一座别苑，每当夏秋夜出游山时，都要派人到处搜集大量的萤火虫，即所谓"征求萤火得数斛"，在苑囿里放飞，营造出荧光万点、闪闪烁烁的诗情画意，和妃嫔宫女们一道寻欢作乐。此苑浪漫至极，精雅之致，因此为这座宫苑题名"萤苑"，后人有大量诗文咏叹之。

毫无疑问，隋宫迷楼这一宝贵的文化财富，在一千多年来的扬州人居建筑中得到了完全的继承和发扬光大，以至于今天我们走进这里的任何一座古老宅园，都能强烈感受到那种充盈流荡于其间的人文美质和诗意内涵。

2013 年末，中国社会科学院考古学论坛揭晓了当年度中国考古六大新发现，其中有一项为"江苏扬州隋炀帝墓"。

这一发生于烟花三月的考古发现震惊国内外考古界。2003 年 3 月，在扬州市西湖镇司徒村曹庄房地产项目建设工地上施工中挖掘出两座墓葬，一号墓中的一套蹀躞金玉带，不仅是目前国内出土的唯一一套最完整的十三环蹀躞带，也是古代带具系统最高等级的实物。而二号墓中，发现成套编钟 16 件、编磬 20 件，是迄今为止国内唯一出土的隋唐时期的编钟、编磬实物，填补了中国音乐考古史上的一项空白；一套女性用冠饰，工艺精巧，国内罕见。随着"隋故炀帝墓志"从1号墓葬出土后，国家文物部门通过科学考古发掘，确认扬州曹庄隋唐墓的墓主为隋炀帝杨广与萧后，墓中出土的大批高等级随葬品等实物资料也印证了文献记载。

　　这位在历史上创造了雄图大业、生前享尽无尽荣华和威福的一代暴君，身后侥幸承蒙后朝施恩得以栖息千载的却只不过是在他和一帮御用工匠倾尽智慧巧思国财民力所打造的十宫迷楼遗壤下一个6米多长、8米多宽的墓穴。想想是不是忒耐人寻味？

发掘中的炀帝陵砖室墓外形

炀帝陵重要考古依据出土墓志

炀帝墓出土的中国传统人居大门装饰鎏金铜辅首衔环

第5章

声色扬州居

——一代诗擘醉心咏叹的唐代扬州人居胜境

隋炀帝开挖的大运河在唐代伟功毕现，把扬州造就成中国古代城市人居史上的高峰

　　唐代是中国社会经济文化发展史上的一个高峰。而当时的扬州则堪称高峰中的高峰。唐代扬州凭借炀帝运河的丰功伟力，得运河水运之利而枢纽南北、通江达海，一跃成为国内水路运输中枢、全国经济文化中心和海上直航的东方国际大港。四面八方的物质到此集散，统辖八州的淮南节度使在此坐镇，江淮转运使在此办公，外国商船在此中转，世界各地商贾在此交易。社会经济的繁荣促进城市人居的兴盛。唐代扬州成为全国除京城长安外的第一繁华大都市，位居享有天府之国美誉的四川成都之上，史称"扬一益二"。

　　扬州社会经济文化的高度繁荣，必然在城市人居中得到最为直接且高度集中的体现。值得庆幸的是，这种体现，被一一摄入大唐一代众多著名诗人的审美视野中，转化成鲜明的图画和凝固的乐章，流传千古，让后人乃至生活在 21 世纪的我们，仍可以通过唐诗所吟咏的一幕幕栩栩如生的场景，来触摸那个充满着无限可能性的时代的扬州人居。品读这些诗篇，我们仿佛实现了千年穿越，真实地触摸到一千多年前的那个让天下之人无限神往、接踵而至、至而忘返的人居扬州和扬州人居——

　　李太白想着它，对孟浩然 "烟花三月下扬州"垂涎三尺；杜子美念着它，眼望南天顿足扬言"老夫乘兴欲东游"。

烟花三月下扬州

第一节 霞映两重城 华馆千里连
—— 承续王国帝都恢弘壮丽的城市人居建筑风貌

今日复建于蜀冈之上的扬州唐城遗址博物馆，冈峦起伏，山水相连，风光优美，登城可眺望蜀冈，俯视扬州，俨然唐城一隅

遗址出土的唐代建筑构件：城砖和瓦当

隋炀帝开挖的运河为扬州带来了举世称羡的好运与无可匹敌的财富，再次成就了这座曾经与朝堂争雄的东南王国和昙花一现的江淮帝都豪气万丈的城建理想和人居生活。从"格高五岳，袤广三坟，崪若断岸，矗似长云"，到"街垂千步柳，霞映两重城"，从"廛闬铺地，歌吹沸天"、"千门万户，逶迤相接"，到"夹河树郁郁，华馆千里连"，"晴云曲金阁，朱楼碧烟里"，我们可以清晰地看到一条鲜明脉络：唐代扬州的城市人居建筑承袭汉广陵城、隋江都宫等北方血统的帝王都城与皇家宫室豪雄、阔大、奢华、富丽的建筑乐章，并将其在城市平民为主体的商业化社会里发挥演绎成更加壮丽瑰奇而又恣肆汪洋的多重交响。

唐代扬州城西华门遗址

唐罗城南大门遗址，此后历代城门都相继沿袭
建筑在原址上

沈括《梦溪笔谈》记载的唐下马桥遗址

◎街垂千步柳，霞映两重城

"街垂千步柳，霞映两重城"，这是大唐诗人杜牧在《扬州三首》诗中咏叹扬州城貌的名句。唐代扬州城由建在蜀冈之上的子城和滨江而筑的罗城两座首尾相连的城池组成，周长40华里，是当时仅次于长安、洛阳的国内第三大都市。早期城内规划严整，坊市有序。据专家考古，仅罗城内就有南北大街6条，东西大街14条，它们纵横交叉，形成60多个里坊。伴随着扬州工商业的繁荣兴盛，从开元、天宝年间开始，一条民宅和商铺错杂相连的商业街形成于官河侧畔。杜牧的"春风十里扬州路"，张祜的"十里长街市井连"，韦应物的"夹河树郁郁，华馆千里连"，经由众多诗人不厌其烦的反复咏叹，将这条十里长街的非凡景象以及由其所连属彰显的城中人烟稠密、楼宇栉比的繁华盛况渲染得淋漓尽致。

街垂千步柳

"春风十里扬州路"——唐城十字街遗址

◎晴云曲金阁，朱楼碧烟里

　　据史料记载，唐代时中国的城市人居是少有楼房的，大和六年朝廷还曾下过这样的命令："士庶公私第宅，皆不得造楼阁，临视人家。"

独独在扬州却是例外。唐代扬州不仅有"海树青官舍，江云黑郡楼"（岑参《送扬州王司马》）的威势赫赫的官家郡楼，还有"高楼红袖客纷纷"、"九里楼台牵翡翠"的缤纷商业楼宇以及"延和高阁上干云"（《广陵妖乱志》）的私家阁楼。"楼阁重复，花木鲜秀"（《太平广记》），"层台出重霄……青楼旭日映"（权德舆《广陵诗》），"晴云曲金阁，朱楼碧烟里"，"舞榭黄金梯，歌楼白云面"。

　　从这些诗文留下的大量描述中，我们清楚地看到唐代扬州不仅多建高楼，而且注重楼阁的雕饰，一方面让建筑尽可能朝向无垠天空生长舒展，另一方面赋予建筑富丽堂皇的华美雕饰。由此形成"崇高尚华"的特色。这一特色，既是那个充满了希望与理想主义的新兴王朝社会人文精神的释放与体现，又是扬州作为一个新崛起的以平民为主体的商业都城充分流淌的财富源泉、日益丰盛的物质生活以及普遍觉醒的享乐意识在人居建筑上的必然反映。

现存唐木兰院石塔是弥足珍贵的唐代扬州建筑实物

五代杨吴公主的棺椁不啻为一座造型优美、雕饰华丽的冥宅

后人在唐城遗址上复建的延和阁

延和阁

唐末大将、唐代最后一任淮南节度使高骈镇守扬州时曾建著名的"延和阁"，据史料记载，阁为"七间，高八丈，饰以珠玉，绮窗绣户，殆非人工"。唐佚名诗人有《延和阁诗》赞叹"延和高阁上干云，小语犹疑太乙闻"，意思是延和阁高耸于白云之上，人在阁里说悄悄话也会被天上的神仙听到。今人沿用高骈所建"延和阁"名，在唐城遗址博物馆内按照庑殿重檐的唐代宫殿建筑形式，再现了这一唐代高阁。

> 暮春三月晴，维扬吴楚城。
>
> 城临大江汜，回映洞浦清。
>
> 晴云曲金阁，朱楼碧烟里。
>
> 月明芳树群鸟飞，风过长林杂花起。
>
> 可怜离别谁家子，于此一至情何已。
>
> ——刘希夷《江南曲之一》

> 蜀国春与秋，岷江朝夕流。
>
> 长波东接海，万里至扬州。
>
> 开门面淮甸，楚俗饶欢宴。
>
> 舞榭黄金梯，歌楼白云面。
>
> 荡子未言归，池塘月如练。
>
> ——武元衡《古意》

第二节　绿水接柴门　车马少于船
—— 全方位呈现江南人居的亲水特性

从春秋时吴王夫差跑到这块江边高地上来筑邗城、开邗沟起，扬州的城市人居就注定与水结下了不解之缘。到了隋炀帝在位期间，一条南北向大运河穿城而过，串缀起周边星罗棋布的洼地湖泊、江河湖海，四通五达，从此将扬州稳稳锁定在世界著名水城的行列。在河渠纵横、水网密布的扬州城内，居民百姓纷纷依水筑庐，傍水行船，借水营生。这样一来，扬州城市人居则于承袭汉隋国都铁板铜铙奏黄钟大吕的北地建筑风骨中，融进了江南水乡清新柔曼的水光柳色和小桥流水，呈现出北雄南秀、刚柔相济的风格面目。

一脉相承的千秋水城

◎夹岸画楼难惜醉，柳条垂岸一千家

"夹河树郁郁，华馆千里连"（韦应物《广陵遇孟九云卿》），"扬子澄江映晚霞，柳条垂岸一千家"（刘商《白沙宿窦常宅观妓》），"夹岸画楼难惜醉"，"绿水接柴门，有如桃花源"，"调膳过花下，张筵到水头"（李端《送魏广下第归扬州宁亲》）。由远及近，徐徐展开一幕幕唐代扬州人居的场景，我们不由惊叹，所有的房子都与水有关，而最获赞美的人居风景是亲水生活。

> 绿水接柴门，有如桃花源。
>
> 忘忧或假草，满院罗丛萱。
>
> 暝色湖上来，微雨飞南轩。
>
> 故人宿茅宇，夕鸟栖杨园。
>
> 还惜诗酒别，深为江海言。
>
> 明朝广陵道，独忆此倾樽。
>
> ——李白《之广陵宿常二南郭幽居》

> 见说西川景物繁，维扬景物胜西川。
>
> 青春花柳树临水，白日绮罗人上船。
>
> 夹岸画楼难惜醉，数桥明月不教眠。
>
> 送君懒问君回日，才子风流正少年。
>
> ——杜荀鹤《送蜀客游维扬》

> 樟倚隋家旧院墙，柳金梅雪扑檐香。
>
> 朱楼映日重重晚，碧水含光滟滟长。
>
> 八斗已闻传姓字，一枝何足计行藏。
>
> 声名官职应前定，且把旌麾入醉乡。
>
> ——赵嘏《广陵答崔琛》

◎夜半吹笙入水楼

在一个秋高气爽的时节，诗人李绅来到扬州，经过一番从容别致的"轻楫过时摇水月"，住进了一座"远灯繁除隔秋烟"的水馆，不由得灵感勃发，吟起诗来；而另一位诗人许浑到了扬州，就像个"不知愁"的野客，夜半时分吹着快乐的笙曲钻进一座俏立河畔的水阁寻欢作乐。在大唐诗人留下的扬州行踪写照里，可知清代扬州园林人居中蔚然成风的"水建筑"理念，在唐代已经滥觞成司空见惯。

舟依浅岸参差合，桥映晴虹上下连。

轻楫过时摇水月，远灯繁处隔秋烟。

却思海峤还凄叹，近涉江涛更凛然。

闲凭栏杆指星汉，尚疑轩盖在楼船。

——李绅《宿扬州水馆》

野客从来不解愁，等闲乘月海西头。

未知南陌谁家子，夜半吹笙入水楼。

——许浑《宿水阁》

◎舟依浅岸参差合，轻楫过时摇水月

"入郭登桥出郭船"，"水郭帆樯近斗牛"，"车马少于船"，"邻里漾船过"。对于"舍南舍北皆春水"的扬州人家来说，住宅形同一只只栖泊在云天月地碧水清涟上的船屋，生活就是一幅波光潋滟酣畅淋漓的水墨画图。

扬州出土的唐独木舟

古典绘画中的亲水人居：沁春汇景

水馆旖旎待客来

舟依浅岸参差合

扬州清代画家袁江笔下的桃源人家

宅园一体的扬州古典私家住宅园林

第三节 园林多是宅 春风荡城郭
——崇尚自然的生态理念和宅园一体的园居模式

　　唐代扬州是一座名闻遐迩的园林名城。这里碧水萦回，绿树繁茂，亭台楼阁，花光缭绕，开创的天人合一的生态居住理念与宅院一体的园林化住宅模式，开启江南古典私家住宅园林的先河并成为典范。借助一代歌诗中留下的无数令人艳羡的赞美篇章，让今天的我们仍得以一览风采。

　　◎郁郁葱葱绿世界

　　对于绿色和绿化的钟情与痴迷，是唐代扬州人居最鲜明的特色。

宅园一体的扬州古典私家住宅园林

这首先源自隋炀帝沿运河两岸植柳"直到淮南种官柳"，"绿阴一千三百里"的良好传统。继承这一传统，唐代官府对城市人居大环境绿化超级重视，不仅城中街道两旁都栽种行道树，而且在城内城外沿河两岸全都广植树木，"街垂千步柳"，"夹河树郁郁"，扬州人家更是无园不种树，"有地唯栽竹"。由此形成"青春花柳树临水"，"九里楼台牵翡翠"的壮丽绿阵、翡翠之邦。我们可以这样说，倘若没有唐代人居所建树的牢不可破的生态人居理念和绿化传统，就不会有后来王渔洋"绿杨城郭是扬州"的绝世咏叹。

◎芳容初现花王国

从现存大量唐诗中，我们还看到，清代郑板桥笔下"十里栽花算种田"的扬城好花之习，其实早在唐代就已蔚然成风了。唐代扬州官府衙舍首倡"艳艳花枝官舍晚"，寻常百姓人家竞相效仿："砌开红艳槿，庭架绿阴藤"（《庚子岁寓游扬州赠崔荆四十韵》）共同编织着盛世人间的花国家园："广陵城中饶花光，广陵城外花为墙"；"红映楼台绿绕城"（孟迟《广陵城》）花园中的人们尽情享受着"楼畔花枝拂槛红，露天香动满帘风"、"街衢土亦香"的芬芳岁月，消遣着"调膳过花下，张筵到水头"、"竹风轻履舄，花露腻衣裳"的风雅人生。

广陵城中饶花光，广陵城外花为墙。

高楼重重宿云雨，野水滟滟飞鸳鸯。

——赵嘏《广陵》

楼畔花枝拂槛红，露天香动满帘风。

谁知野寺遗钿处，尽在相如春思中

——赵嘏和《杜侍郎题禅智寺南楼》

二十四桥畔的野草花

位于扬州西方寺的唐槐，至今已有 1000 多岁的遐龄。

游宦今空返，浮淮一雁秋。

白云阴泽国，青草绕扬州。

调膳过花下，张筵到水头。

昆山仍有玉，岁晏莫淹留。

——李端《送魏广下第归扬州宁亲》

"青橙拂户牖，白水流园池"。扬州自汉代就滥觞的修建亭台池榭传统，在城市人居繁荣兴旺的大唐盛世找到了蓬勃生长的沃土。人们于种树栽花之外，更有一种将原生态自然全方位引入家居生活的冲动，创造了中国生态人居的经典模式：私家住宅园林，"园林多是宅"成为当时广被全城的流行时尚。《太平广记》载：咸通年间，淮南节度使李蔚筑"赏心亭"，"开创池沼，构葺亭台，……栽培花木，蓄养远方奇珍异兽，毕萃其所"。建造了延和阁的扬州守将高骈在他的传世名作《上停夏日夏》，出色描绘了一个私家园林住宅的精妙入微的庭院美景。

绿树阴浓夏日长，

楼台倒影入池塘。

水晶帘动微风起，

满架蔷薇一院香。

——高骈《山亭夏日》

唐代园林拾零

时至今日，我们尚能通过诗文题咏知道的唐代扬州私家住宅园林有周济川别墅、裴谌宅、郝氏林亭、席氏园、常二幽居、万贞家园、周师儒宅等。其中周师儒宅，据《广陵妖乱志》载："其居处花木楼榭之奇，为广陵甲第。"裴谌宅"楼阁重复，花木鲜秀……烟翠葱茏，景色妍媚"；郝氏林亭则在布局上充分体现了崇尚自然的野趣，诗人方干这样咏叹它："鹤盘远势投孤屿，蝉调残声过别枝。凉月照窗敧枕倦，澄泉绕石泛觞迟。"

第四节　夜市千灯照碧云　夜桥灯火连霄汉
——一千多年前的城市亮化工程和夜生活

　　唐代扬州商贾如织、财富横流的大都市，官府豪门挥金如土、追求享乐的奢华生活，将扬州变成了一座纸醉金迷的销金窟，深刻影响着城市人居的经营格局与生活风尚。其中最为突出的一点就是那股弥漫、流荡于市井长街和画楼酒肆之间的"夜生活"旋律。由这夜生活所促生的一千多年前的城市人居亮化理念及实践，可谓开启了现代城市亮化工程的先河。

重现于今日扬州的十里长街市井连、夜市千灯照碧云

◎繁华之至绚烂之极的商业街区亮化

　　"十里长街市井连"，"夜市千灯照碧云"，唐代扬州繁华之至、绚烂之极的商业街区亮化，为醉心夜生活的人们营造了一座乐而忘返的人间天堂和红尘乐园。

　　　　十里长街市井连，月明桥上看神仙。
　　　　人生只合扬州死，禅智山光好墓田。
　　　　　　　　　　　　　　——张祜《纵游淮南》

　　　　夜市千灯照碧云，高楼红袖客纷纷。
　　　　如今不是时平日，犹自笙歌彻晓闻。
　　　　　　　　　　　　　　——王建《看扬州夜市》

◎温馨曼妙诗情画意的居民区亮化

"小巷朝歌满，高楼夜吹凝，月明街廓路，星散市桥灯。"

这是唐代诗人张祜《庚子岁寓游扬州赠崔荆四十韵》诗中的句子，寥寥二十字，真切、鲜亮地呈现出唐代扬州城市人居的完整面貌和瑰丽风情：悠长弯曲的小巷中竟日流溢着太平盛世的欢歌笑语；鳞次栉比的高楼杰阁上彻夜笙箫和鸣、琴音袅袅；铺洒着盈盈月色的纵横街道勾勒着市井闾坊的区划轮廓，桥畔人居密集的灯火令天上璀璨的繁星光芒顿失形销迹隐，仿佛都洒入了这片人间热土，化作不夜城的一束束华光。

花月春风扬州居

江横渡阔烟波晚，
潮过金陵落叶秋。
嘹唳塞鸿经楚泽，
浅深红树见扬州。
夜桥灯火连星汉，
水郭帆樯近斗牛。
今日市朝风俗变，
不须开口问迷楼。

——李绅《宿扬州》

【附】诗画扬州居的不朽写照
—— 解读姚合《扬州春词》三首

杜　海

　　唐代诗人姚合是一位写五律的高手，也是位崇尚"吟安一个字，捻断数根须"的苦吟诗人，与曾写下"鸟宿池边树，僧敲月下门"这样"两句数年得，一吟双泪流"的另一位苦吟诗人贾岛齐名，并称"姚贾"。然而就是这样一位专好在遣词造句上出新求奇的诗人，在他来到扬州之后，却写下了三首语言清丽晓畅、意境从容优美的《扬州春词》。这不能不是一个耐人寻味的现象。究其原因，只可能是一个，那就是扬州的非常美景给了诗人太多太强烈的震撼与感动，由此产生的一股喷薄而发的灵感、激情，自然而然地冲决了诗人所一贯坚守的苦吟的樊篱。于是盛唐扬州一代名都的城市建筑景观与人居生活风貌，借助诗人的咏叹而得以千秋流传成不朽的经典。

　　《扬州春词》三首，写的是诗人作为一名烟花三月下扬州的游客，在清明前一日的寒食节来到扬州，浦一入城，就被眼前所展现出的城市人居风光和人们的生活情景给深深震撼了。于是诗人安步当车，放开眼界细细观赏，将自己在这个扬州春日里所亲见的风景及亲历的感受，一一娓娓道来。

> 广陵寒食天，无雾亦无烟。
>
> 暖日凝花柳，春风散管弦。
>
> 园林多是宅，车马少于船。
>
> 莫唤游人住，游人困未眠。

——《扬州春词》之一

《扬州春词》之一表达的是一个初来乍到者面对无所不在的美景时所获得的印象最深的第一观感，也是在对扬州城市人居风景进行全景式扫描基础上所作的整体把握及重点描述。

这是清明节前一天的寒食日，或许是消歇了炊烟灶火的缘故，扬州城晴朗的天空异常清明，透出纤尘不染的洁净与澄澈。触目所及，满眼是暖融融的阳光所催生的盈盈花苞、嫩黄柳芽；所到之处，处处飘浮着和煦春风送来的丝竹清音。

一路行来，诗人发现扬州城内河渠交错、水网密集、帆樯林立、舟船云集。河里栖泊行驶的龙舟画舸和小楫轻舟比陆地上的车马要多得多。与此同时，沿河两岸遍布花木葱茏、风光旖旎的大小园林，仔细探赏，原来这些园林都是精美绝伦的私家住宅呢。于是这些从未有过的新鲜经验，让诗人又惊又喜，发出"园林多是宅，车马少于船"的由衷赞叹。

继续游冶观光，不知不觉天黑了下来，或许是陪伴的友人提醒他到了回馆下榻的时候了，然而诗人却先发制人来了一句"莫唤游人住"，尽管游逛了一天已经很疲劳了，但却游兴未尽，即使回到旅馆，也睡不着啊。

满郭是春光，街衢土亦香，

竹风轻履舄，花露腻衣裳。

谷鸟鸣还艳，山夫到更狂。

可怜游赏地，炀帝国倾亡。

——《扬州春词》之二

在《扬州春词》之二中，诗人由对扬州城市人居的全景式扫描，而深入其中最吸引他的局部的细致的品赏体验。这首诗通篇都在描写和咏叹扬州的"私家住宅园林"（准确地说，是园林的构成要素：树、花、山水）。可见其对扬州的"园林多是宅"印象之深，感触之巨。

江北烟光里，淮南胜事多

我们从诗中看到，扬州城里到处是垂柳芳树，佳竹修篁，郁郁葱葱、绿云笼碾，酿造出一城铺天盖地的醉人春光；到处繁花似锦、姹紫嫣红，连街道上的泥土也被花气熏染得散发着香味。人们在竹林、花丛中漫步穿行，耳畔摇曳着清风竹语，衣服上沾附着沁透花香的露水，芬芳袭人，经久不消。从私家园林幽谷层峦中不时传来阵阵清亮婉转的鸟鸣，给城市山林增添了蓬勃生机，当以山民村夫自居的宅园主人现身其间时，更是一幕天人合一野趣横生的美妙狂欢。想当初，或许正是因为迷恋于扬州无与伦比的绝世美景，才使得隋炀帝竟然不惜破国亡家拼却性命呢。

> 江北烟光里，淮南胜事多。
> 市廛持烛入，邻里漾船过。
> 有地惟栽竹，无家不养鹅。
> 春风荡城郭，满耳是笙歌。

——《扬州春词》之三

最后一首，重点咏叹的是以水居为核心的扬州城市居民寻常而又艳丽的生活场景。诗人告诉我们，在烟波萦绕的江淮大地上，所有的良辰美景赏心乐事似乎都聚集在扬州这座城市。你看白日里，扬州人悠闲自在地划着小船，相互过往于邻里之间；到了晚上，大家手持烛火走出家门，相邀结伴同逛夜市。诗人还发现，扬州人不仅将自己的城市建成了一座拥有盖世繁华的大都市、销金窟，而且让它成为一个"遍地栽绿竹，家家养白鹅"、充满着天人合一自然野趣的生态家园，红尘仙境。让生活在这里人们一年四季沐浴在浩荡流转的春风里，缔造与享受着属于这座城市的幸福生活，歌吹盛事。

通过逐一品赏，我们获得一种完整而强烈的印象和感受。那就是，姚合的《扬州春词》三首其实是一组诗体的游记，它以鲜明强烈的审美冲动，真实自然的情感，洁净工巧、圆稳清润的语句和精细入微的捕捉摹写，记录再现了唐代扬州城市人居生活的宏观微著的真实情景，为扬州人保存下一份鲜活生动、真切可感的唐代扬州城市人居生活史料，成为扬州 2500 年人居史上最值得骄傲与回顾的城市记忆。

暖日凝花柳　车马少于船

竹风轻履舄，花露腻衣裳

第 6 章

变奏扬州居
——花月烽烟交织浸染的宋元扬州人居风情

　　唐代两百多年烈火烹油鲜花着锦般的繁荣昌盛，对于扬州来说，犹如做了一场深深长长的酣梦。其实早在晚唐及进入五代以来，陶醉在无边繁华中的扬州人居梦，就已经被南来北往驰过这片土地上的马蹄弓箭声给惊醒了。虽然宋初的统一结束了唐末和五代十国数十年战争造成的毁灭性创伤，为扬州迎来了北宋一百六十多年的和平发展时光。但北宋末年金兵南下，扬州战火纷飞的日子就没有断过，紧接着来临的划江而治的南宋和元朝，一次次将位于长江北岸的扬州沦陷为饱受战争蹂躏的古战场。因此，整个宋元时期扬州城所始终面对的首要课题就是：战争与和平。今天，当我们回望翻检宋元时期的扬州人居生活，正可突出、强烈而鲜明地触摸感受到那一博弈在战争与和平的历史规定中的文化主脉：一部雄浑交响的"城"的鸿篇巨制，一曲宛转低回的"居"的慢板丝竹。尽管战争给扬州城市人居建设带来了严重摧残，但根植于其间的真正美与善的法则和优良传统，仍然不失时机地得以顽强舒展与表现。最为幸运的是在北宋一百多年的和平时光里，相继有多位才高望重的文坛领袖和诗家巨擘到扬州来做太守，王禹偁、欧阳修、苏东坡、韩琦等，一代文章太守们以官员身份地位倡导化成的池亭山堂诗酒雅集文化，不仅为唐以后沉寂暗淡的扬州城市人居注入了浓郁的诗意化和风雅化品格，而且成为扬州人居超越汉唐蔚成明清的经典范式。

　　淳熙丙申至日，余过维扬。夜雪初霁，荠麦弥望。入其城则四顾萧条，寒水自碧，暮色渐起，戍角悲吟；余怀怆然，感慨今昔，因自度此曲。千岩老人以为有《黍离》之悲也。

　　淮左名都，竹西佳处，解鞍少驻初程。过春风十里，尽荠麦青青。自胡马窥江去后，废池乔木，犹厌言兵。渐黄昏，清角吹寒，都在空城。杜郎俊赏，算而今，重到须惊。纵豆蔻词工，青楼梦好，难赋深情。二十四桥仍在，波心荡，冷月无声。念桥边红药，年年知为谁生？

——姜夔《扬州慢》

感受战争逃亡

今日堡寨城遗址

第一节 扬州画戟拥元戎 高城雉堞尚云间
——重中之重的宋代扬州城池建设

　　"芜城池苑尽荒残"（宋华镇《和光道元日书事》）、"长壕如带故城荒"（元吴师道《扬州》）、"千载残城生乱莎，夕阳吹角秋风多"（元陈孚《扬州》），品读着宋元诗人对于扬州的这些伤怀凭吊的悲怆诗句。我们能够深深地感受到，弥漫在烟花与烽火交织涤染中的城市官民众生，朝秦暮楚，居安思危，人居生活的要义变得如此简单而又清晰。那就是首先须有一座坚实牢固的安全之城，以保障全体民众的身家性命。因而城池的建造，始终被放到扬州城市人居构建的重中之重位置。从今日出土的宋城遗址中，我们可以依稀感受到当年扬州守民的造城热情以及一睹其"高城楼观插空碧"（王洋《赠向扬州》）、"高城雉堞尚云间"（晁补之《出城》）、"落日吟诗望戍楼"（林泳《扬州杂诗》）的城池壮观。

092

◎一城三池

唐代扬州在蜀冈下筑起了南北十五里、东西七里的"罗城"，北方后周显德五年（958），周太祖郭威的旧将、时任殿前都虞侯的韩令坤，从南唐的版图中夺取了扬州，在被战火摧毁了的唐罗城故址东南隅筑城，称"周小城"。不久李重进移守扬州，对"周小城"加以改建并向东南延伸，称为"州城"，北宋扬州城便是在州城基础上兴建的。靖康元年（1126）年底金兵攻破了宋都汴梁，赵高宗即位后拨款十万缗，下诏要扬州知州吕颐浩修缮扬州城池，准备将来给自己避难用。吕颐浩以州城为基础改筑位于唐罗城南，古运河西北的"宋大城"，全用大砖砌造。后来金兵大举进犯，宋高宗从扬州临时避难所仓皇南渡，扬州成为前哨要塞。绍兴二年（1132）郭棣知扬州后，先是修缮了宋大城。由于金兵屡屡来犯，他认为唐代子城地势高，可以凭高临下，有利于防守，打击来犯之敌。于是在唐城旧址上重建城池，叫"堡寨城"，此城与宋大城南北对峙，中间相隔二里空地，容易给敌人钻

《重修扬州府志》中的宋三城

宋城遗址上模拟兴建的宋夹城

新建宋夹城巍峨城楼前盛开的榴花，形象演绎着古老的江淮人居名城扬州所经历着的战争与和平的真谛

宋夹城内兵营、粮仓

空子。遂又版筑一座连接这两座城的"夹城"。由此形成了中国历史上独一无二的奇特的城市构建：一城三池，史称"宋三城"。

通过考古发掘出的宋三城遗存和据相关史料记载，可以看出，宋代扬州城的功能分区十分明显，蜀冈上的城池只是军事堡垒，而大城的西北部为官衙所在，西南部则为文教场所、寺庙等，而居民区、手工业区和商业区则沿东西、南北大街布设，已完全成为开放式的城市。中国社科院考古研究所副研究员蒋忠义说，扬州城在中国的城市考古中是很特殊的，它既不同于洛阳、西安这样的京城，又不同于当时的郡县城市，它是介于二者之间、有着独特城市形制的一座城市。

宋大城西门遗址

宋大城西门遗址为"八五"期间全国考古十大新发现之一，遗址博物馆展示了扬州宋代城池史。

宋大城东门遗址

宋大城东门遗址的发现被评为 2000 年度中国最重要的考古发现之一。双瓮城的发现在我国考古史上独一无二，对于研究扬州城市建设和城市布局演变具有重要意义，在城市建筑史上具有重要地位。

宋大城南门遗址

扬州古城南门遗址，由唐延续至清，在全国古城门中极为罕见，被专家们一致誉为"中国的城门通史"。

宋大城北门遗址

宋大城北门遗址发掘结果表明，宋大城北门始建于五代时期，一直沿用到元末，北宋时期加筑了瓮城，南宋时期扩建加固了瓮城，并重修了水门。

第二节　十里珠帘蕙草寒　栀灯数朵竹西楼
—— 褪尽铅华的城市人居景象

　　南宋诗人李易在《竹西怀古》诗中，先是追忆了盛唐扬州"淮南昔繁丽，富庶天下称。管弦十万户，夜夜闻喧腾。不徒竹西寺，歌吹相豪矜"的繁华气象，紧接着画面一换，叙述再现了当时的扬州城"一朝烽火急，

廛市为沟塍。风月无欢场，睥睨皆射埘"的情景，昔日楼台栉比人烟密集的繁华大街变成了荒沟野地，目光所及，到处都是用来练习射箭用的靶子，战争烽烟笼罩下的扬州城市人居生活回归以用为本的朴素自足。以至于我们从出现在宋元诗人笔下的当时扬州城市人居场景中，很难再找到唐诗中连篇累牍异彩纷呈的金阁琼楼和雕梁画栋、朱栏华馆，有的只是一份寄寓身心、安度人生的切实需求与平实渴望。

城市民生的忠实记录者：宋井

普哈丁所建宋仙鹤寺，是一座具有扬州庭院建筑风格的伊斯兰庙堂

普哈丁墓园是一座典型的阿拉伯式建筑，整个建筑分墓域、清真寺及园林三大部分。明永乐皇帝视墓园为国宝，下诏予以保护。清政府也对墓亭进行多次修建。普哈丁墓是扬州保存下来的最好的宋代建筑珍品。

◎ 明月扬州第一楼

　　元代扬州曾有一座明月楼，建筑虽不起眼，却因大书家的墨宝而声名远播。元代初年，大书画家赵孟頫路过扬州，主人求他为小楼题联，赵孟頫不假思索，挥笔题写："春风阆苑三千客，明月扬州第一楼。"主人大喜，以紫金壶奉酬。元代明月楼虽然在历史的长河中湮灭，然而大唐诗人徐凝"天下三分明月夜，二分无赖是扬州"的著名诗句广为流传，时时激活着扬州人对于天上那轮明月的热爱和遐想。到了清代中叶，就有员姓豪门在营构私家园林时依唐徐凝诗意重建了一座明月楼。楼坐北朝南，面阔7间，敞廊迤逦，上悬清代钱咏书题"二分明月楼"匾额，更将"春风阆苑三千客，明月扬州第一楼"美联悬挂在中楹廊柱上，可谓复活了人居扬州的一段佳话。

二分明月楼

第三节 宾客日随千骑乐 管弦风入万家深
—— 文章太守缔造的池亭山堂雅集文化

　　北宋扬州借运河漕运之便，仍是中国东南部的经济、文化中心。受到战争的影响，扬州城内外私家建园甚少，不复再有"园林多是宅"景象，但造园活动却在官府中得以承续，并且官筑园林实际上成了当时的文人活动中心。正所谓"公退何所适，池亭一凭栏"（王禹偁《扬州池亭即事》），"但光纱短帽，窄袖轻衫，犹记竹西庭院"（张先《塞垣春》）。如扬州的郡圃、平山堂、邵伯斗野亭、高邮文由台等，这一宋代扬州人居史上蔚然成风的文化现象——以池亭、山堂为依托的集自然风光、园林建筑和文学艺术活动为一体的文化雅集，到了明清扬州更是达到了登峰造极的地步，为城市人居园林化发展带来了经久不衰的活力和魅力。

◎郡圃：扬州新园亭

郡圃是历代府郡衙斋附属的官家园林。多建在衙斋后面或两侧。庆历元年（1041）五月，宋庠贬知扬州，吏属秉承其意，在府衙西北扩建已荒芜多年的郡圃。王安石庆历二年中进士，签书淮南判官，来到扬州，特地为新拓建的郡圃写下了《扬州新园亭记》。到了南宋淳祐十年（1250），时任两淮最高长官贾似道来守扬州。他不仅改筑了宝寨城为宝祐城，还在开明桥西大安楼旧址建皆春楼，在小金山观稼堂建平野堂。其最为重要的造园活动，是对郡圃的重建。据历史记载，重建的郡圃飞檐雕栏、画栋层出，高山危径、深沼浅池，渡以桥，钓以矶，观以亭台，绕以长堤朱栏。坡上有梅，水边有柳，堂外巨竹森森。登高可以眺远，临池可兴豪想。他为此前郡圃的狭隘天地里注进了杭州、湖州山水的灵秀，将其变成了宋代官府在扬州兴造的一座最具规模并饶有画意的山水园林，也是扬州史籍上记述得最为翔实的宋代官园。

竹绕亭台柳拂池，徘徊终恋郡斋西。

斜阳更上渔舟坐，明日红尘逐马蹄。

——王禹偁《留别扬府池亭》

公退何所适，池亭一凭栏

蜀冈草堂

◎四相簪花和四并堂

北宋庆历年间，韩琦任扬州太守，衙署后园一株芍药开出了四朵罕见珍品"金带围"，每朵花瓣上下呈红色，中间围一圈金黄蕊。韩琦十分惊喜，遂邀请当时正在扬州的大理寺同僚王圭、王安石和刚巧路过的陈升之一道前来饮酒赏花。席间剪下四朵金带围，每人各簪一朵，以应花之祥瑞。想不到此后三十年中，簪花的四人先后都当上了大宋王朝的宰相。韩琦于是取良辰、美景、赏心、乐事四者难并之义，在郡圃内建造了一座"壮丽一时"的"四并堂"。四相簪花遂成为举世盛传的名典佳话。芍药因此成为扬州的花瑞，扬州芍药成为可与洛阳牡丹相媲美的传世名胜。

今日万花园中拟建的四相簪花亭

四相簪花图

◎平山堂与谷林堂

宋仁宗庆历八年（1048），著名政治家、文学家欧阳修贬谪扬州太守，他一到扬州就爱上了蜀岗的清幽古朴，于是在此建堂。人坐堂上，江南诸山，历历在目，似与堂平，因而取名平山堂。堂建成后，即赢得诗赞不绝。"城北横冈走翠虬，一堂高视两三州"（王安石）；"相基树楹气势庞，千山飞影横过江"（梅

蜀冈山水好流连

尧臣）；"横岩积翠檐边出，度陇浮苍瓦上生"（王令）；"江上飞云来北固，槛前修竹忆南屏"（苏轼）；"堂上平看江上山，晴光千里对凭栏"（苏辙）；"栋宇高开古寺间，尽收佳处入雕栏……游人若论登临美，须作淮东第一观"（秦观）。平山堂遂成为士大夫、文人雅集场所。沈括《重修平山堂记》中说："后之人乐慕而来者，不在于堂榭之间，而以其为欧阳公之所为也。由是，平山之名盛闻天下。"洪迈《平山堂后记》里也说："山既佳，而欧阳又实张之。故声压宇宙，如揭日月。缙绅之东南，以身不到为永恨。"可见在宋代，平山堂即声名远播，享誉寰中了。

元祐七年，苏轼来任扬州太守，为怀念欧公，于平山堂之北建谷林堂。

平山堂和谷林堂，是宋代文坛两位巨匠的风雅旧踪，是扬州园林人居文化的珍贵遗产，千百年来，游人登临不断。

栋宇高开古寺间，尽收佳处入雕栏。

山浮海上青螺远，天转江南碧玉宽。

雨槛幽花滋浅泪，风卮清酒涨微澜。

游人若论登临美，须作淮东第一观。

——秦观《次韵子由题平山堂》

城北横冈走翠虬，一堂高视两三州。

淮岑日对朱栏出，江岫云齐碧瓦浮。

墟落耕桑公恺悌，杯觞谈笑客风流。

不知岘首登临处，壮观当时有此不。

——王安石《平山堂》

废苑繁华未可寻，孤城西北路嵚崟。

檐边月过峰峦顶，柱下云回草树阴。

宾客日随千骑乐，管弦风入万家深。

知公白玉堂中梦，未负当时壮观心。

——王令《平山堂寄欧阳公》

◎坐花载月

史载，每到暑天，公余之暇，欧阳修常携朋友到平山堂饮酒赋诗，他们的饮酒方式颇为特别，常叫从人去不远处的邵伯湖取荷花千余朵，分插百许盆，放在客人之间，然后让歌妓取一花传客，依次摘其瓣，谁轮到最后一片则饮酒一杯，赋诗一首，往往到夜，载月而归，这就是当时的击鼓传花。如今悬在堂上的"坐花载月"、"风流宛在"的匾额正是追怀欧公的轶事。

平山阑槛倚晴空，山色有无中。手种堂前垂柳，别来几度春风？

文章太守，挥毫万字，一饮千钟。行乐直须年少，尊前看取衰翁。

——欧阳修《朝中措·平山堂》

三过平山堂下，半生弹指声中。十年不见老仙翁。壁上龙蛇飞动。
欲吊文章太守，仍歌杨柳春风。休言万事转头空，未转头时皆梦。

——苏轼《西江月·平山堂》

风流宛在平山堂

先贤坐花戴月处

坐花载月图

清人刘大观书蕃釐观石匾

琼花观中洞天风景

带给人居扬州以无限遐想的琼花台
和无双亭

琼花观中琼花盛开

◎琼花观与无双亭

琼花观前身是西汉时代所建的后土祠。北宋时观内有一株天下无双的琼花，当时著名官吏兼文人王禹偁在扬州任太守，他惊叹于琼花的美丽，写下一首《后土庙琼花诗》。继王禹偁之后，文人题咏越来越多，也越写越奇。韩琦作诗赞："维扬一株花，四海无同类。"刘敞诗云："东方万木竞纷华，天下无双独此花。"欧阳修任太守时，不仅写诗咏叹，而且在观内琼花树旁筑亭，其匾额上书"无双亭"，以作饮酒观赏琼花之所。诗人们不但盛赞琼花美丽，而且强调琼花是扬州独有，结果使得琼花不仅名闻海内，而且始终和扬州古城人居的兴衰紧密联系在一起。虽然后来宋徽宗赐后土祠名为"蕃釐观"，可人们还是喜欢叫它"琼花观"。尽管那天下无双的琼花原株已经无存，但后人不断以新株继之，老建筑颓毁了，后人屡次修缮。今日观内这座巍峨端重而不失巧致的三清殿，前身原本就是建于宋代的兴教寺楠木大殿，是20世纪80年代从兴教寺原址整体搬迁过来的，为保护建筑的原真性，相关人员对每一样木构件榫头一一编号，以防混淆，致使这座保有宋代扬州寺庙建筑的风貌特征的楠木大殿在琼花观得以完璧呈现。

> 谁移琪树下仙乡，二月轻冰八月霜。
>
> 若使寿阳公主在，自当羞见落梅妆。
>
> ——王禹偁《后土庙琼花诗》

> 琼花芍药世无伦，偶不题诗便怨人；
>
> 曾向无双亭下醉，自知不负广陵春。
>
> ——欧阳修《答许发运见寄》

◎万花园

南宋端平三年（1236），抗金名将时任淮东置制使兼扬州知府的赵葵在蜀冈上的堡城武锋军统制衙门附近择地建造了一座万花园。赵葵是位儒将，他好诗文，工书画，墨梅尤佳，风雅自适。赵葵建造万花园，除了个人的意趣喜好外，还寓有安定和激励军心、民心，表达守土一方的坚定信念。岁月流转800年，当年的万花园究竟是什么模样不得而知，但今日人们在蜀冈—瘦西湖景区内用原名复建了这座古老名园，占地一千多亩，集合了扬州园林众多传统要素而以林泉花木称胜，春秋之际，这里恰似一个万花世界，芬芳乾坤。

俯瞰今日瘦西湖北侧复建的万花园

万花迎春

◎邵伯斗野亭

斗野亭始建于宋熙宁二年（1069），因亭的位置"于天文属斗分野"而得名。斗野亭雄踞高丘，面临邵伯湖，凭眺湖光浩渺，远观帆影点点，近看袅袅炊烟。孙觉、苏轼、苏辙、黄庭坚、秦观、张耒等一代名流曾在此携游赋诗，风雅流播。数百年来，吸引了诸多文人墨客前来发思古之幽情。新建斗野亭飞檐翘角，古朴典雅，亭内集苏（轼）、黄（庭坚）、米（芾）、蔡（襄）宋代四大书法家字迹，镌七贤诗碑于壁。此亭可与闻名全国的北京陶然亭、徐州放鹤亭、滁州醉翁亭、陕西喜雨亭四大名亭相媲美。

邵伯斗野亭

第7章

华彩扬州居（上）

——运河时代铸成绝响的明清扬州城居辉煌

　　明清时期是运河文明最后一个辉煌时代，绵延千年的运河经济，在扬州造就了一个庞大的盐商群体和无与伦比的财富社会。扬州盐商们运用手中把握的占当时全国三分之一的财富，向上邀得国家最高统治者皇帝老子的垂青赞赏，向下得到社会各阶层的追随仿效，而左右吸引着仕阶文化阶层的推波助澜，齐心协力，一同造就出扬州人居史上无可匹敌的高峰。

　　　　新城花开映水明，旧城花也弄春晴，

　　　　二分明月多情种，半照新城半旧城。

　　　　　　　　　　　　　　——清·郎葆辰《广陵竹枝词》

梦幻东关

第一节　商贾什九　土著什一
—— 财富大都移民特性造就出的
双城人居空间

　　明清扬州作为全国盐业集散中心，成为天下之人心向往之的淘金热土、幸福天堂。全国各地的豪商巨贾、三教九流，争相到扬州来打天下，讨生活，由此形成了"商贾什九、土著什一"的城市格局。这样一来，原先的老城区容纳不下人口的剧增，后来的人们便在旧城东南边上又建起了一座新城。西部旧城西北环绕着瘦西湖水系形成的城壕，东部新城沿古运河走向，且以古运河为天然城壕，东西新旧两城之间则以曾为旧城护城河小秦淮为分水岭，由此形成河湖相拥、浑然一体而又相辅相成、相得益彰的连体形态，成为今天遍布华夏的城市扩建模式的先驱范例。

　　明清扬州新旧两城的方位、规模和大致轮廓走向，连同城门设置，李斗在《扬州画舫录》中为我们作了清晰的描述：

　　今之旧城，即宋大城之西南隅，元至正十七年丁酉。金院张德林始改筑之，约十里，周围一千七百七十五丈五尺，高倍之。门五，曰海宁，今曰大东，曰通泗，今曰西门，曰安江，今曰南门，曰镇淮，今曰北门，

明清新城人居

明清新旧两城的分水岭小秦淮

旧城的东城墙和大小东门虽已不存，但城门的街道和横跨在小秦淮河上的大东门桥、小东门桥

日小东，即是门，今仍旧名。南北水关二，引市河水以通于濠。

今之新城，即宋大城之东南隅，明嘉靖三十四年乙卯，知府吴桂芳始议兴筑，后守石茂华踵成之。自旧城东南角起，折而南，循运河而东，折而北，复折而西，极于旧城之东北角止。东与南北三面，约八里有奇，计一千五百四十二丈。门七，曰挹江，今曰钞关；曰便门，今曰徐宁；曰拱宸，今曰天宁；曰广储；曰便门，今曰便益；曰通济，今曰缺口；曰利津，今曰东关。沿旧城城濠南北水关二，东与南二面，即以运河为城濠，北面作濠，与旧城连，注于运河，此旧城新城之大略也。（《扬州画舫录》卷九◎小秦淮录）

第二节　新旧两立　异曲同工
——明清扬州城市人居的两副面孔及审美特色

新旧两重城的形成，带来了明清扬州城市人居泾渭分明的格局划分。旧城是沿袭从前的行政中心，多官署、多文士、多原著民、多老屋平房；

新城则是新兴的商业都会，多市肆、多商贾、多外来户、多深宅大院。这一奇特的分布形态和文化差异，充分体现了扬州城市人居文化的开放性、包容性和多元化。而明清扬州人居的瑰丽交响，便是在这一平台上鸣奏出不同凡响的华彩乐章。

新旧两城居民的划分及河湖两依的格局，在人居建筑风貌上也带来鲜明的差异。旧城湖区人居建筑楼台纤徐，宅园阔朗，城内人家小桥流水、短径矮庐，如诗，如画，如抒情歌，如小夜曲。新城高墙幽巷，深宅大院，门户谨严、行藏尽收，如同一篇篇恣意排布、气势磅礴而又嵯峨跌宕莫窥堂奥的大赋。

◎刘茂吉的《扬州两城图》

李斗在《扬州画舫录》中讲述了这样一件事，明清扬州两城的构撰特点深深吸引了一位在旌德玉屏山过着躬耕隐居生活的安徽宣城人刘茂吉。乾隆三十年，这位古稀高龄的先生跑到扬州来，利用自己精通算数、懂仪器、尤其擅长绘制地图的本领，每天城里城外跑个不停，夜里还点着火把四处查看，访遍了扬州新旧两城的边边角角，绘制成

清代画家笔下的明清旧城人居风情

清代画家笔下的明清新城人居风貌

今日扬州方圆 5.09 平方公里的明清古城保护区中的明清新城区域

今日扬州方圆 5.09 平方公里的明清古城保护区中的明清旧城区域一角

千秋家园梦——扬州人居文化遗产钩沉

一张《扬州两城图》。当时住任扬州的巡盐御史高恒为他写记。图中不仅"大街小巷，举目了然"，而且"其诸城市、关津、公廨、里井、曲巷、通衢，尺幅中小大具举，广狭攸分，细若掌文，犁然可辨，而字极蝇头，标诸名色，令观者如扪天上之星辰，数局中之黑子，无不了然于心目间。"李斗见到这张图后，如获至宝，遂一一用文字把图中所绘和标注的叙述出来，收进他的《扬州画舫录》书里。

> 城头粉蝶隐啼鸦，城里楼台十万家。
>
> 沸耳但听金捍拨，销魂休问玉钩斜。
>
> ——钱芳标《扬州竹枝词》

东圈门城楼

第三节　街巷交织　街市两旺
—— 明清扬州城市人居的空间构撰及多样功能

　　明清扬州得天独厚的盐业和富甲东南的盛名，吸引着四面八方的人们源源不断地来这里淘金、定居、旅游观光，接力赛般地促进着城市建设及经济活动的全面膨胀与繁荣。古老扬州城在由原来不堪重负的旧城延伸拓展出一座生机勃发的新城的同时，也着重对城市人居空间环境及经济生活平台进行了充分合理的规划布局及重组新构，缔造出双重交织各司其用、各具功能的良好街巷体系。

历尽千载的扬州唐代银杏树，城市也是一棵生命树

这么说吧，明清扬州好比是一棵树，纵横街道是它的主副干，密布如网的小巷是它的繁枝柔条，官商衙店廛庐人家是它的绿叶红花硕果。明清扬州城便是通过它疏密交织、远近畅达的枝干体系，为一树绿叶繁花输送着丰沛营养，滋养着生生不息的城市生命奇迹。

◎街巷体系功能多

明清扬州布局繁密的街巷体系，在圆满完成着人际交通使命的同时，更分担着城市人居方方面面的行为功能，成为城市人居文化的最重要载体和无微不至的体现。它们既是城市人居的交通命脉，也是城市地理环境、行政机构乃至生活设施的识别指南，更是城市居民从事商贸活动及生活消费场所。扬州文化耆老汤杰先生曾著《老城街巷名称探源》一文对扬州街巷名城来源及其所包含的历史文化内涵进行深入探讨。文中将

城市筋脉老巷道

老城区街巷名称分门别类为政治的、经济的、军事的、社会的、宗教的、民俗的等等，并一一举例分列，可谓林林总总、五花八门。从中可见扬州的每一条街道、每一条巷陌，都与城市人居构成和周边人居环境有着密切关联。

◎形形色色标识街

明清扬州街巷取名，无论是出于政府主张还是民间约定俗成，一般都是以该街巷中与人们生活极为密切、最重要或最具特色的事物作为它的名称，名物合一，不仅好记易传，而且具有极强的标识和指南功能。如以地形、地貌取名的有湾子街、埂子街，标识行政管理机构所在的甘泉街、参府街，标识寺庙祠宇所在的弥陀巷、三义阁，以名人宅第或名人故踪取名的常府巷、地官第，以军事设施及事件题名的永胜街、得胜

大武成巷

参府街

得胜桥街

桥、辕门桥，以居处家族姓氏题名的巴总门、罗总门、谢总门、耿家巷、安家巷，标识慈善机构或公共设施所在的水仓巷等等。

◎百货千行各成街

城市中的街，其最初的功能是供人通行，但伴随着城市人居的繁荣和经济生活的需求，人流涌动的街两侧日渐成为经营商贸商品交换的最佳场所，而这也是明清扬州布局繁密的街巷体系最重要的功能，由此演化成为形形色色的货品集聚区和专卖一条街。如聚集着手工制作生产生活器具作坊的打铜巷、皮坊街；从事某种专门商业、服务行业的彩衣街、翠花街、羊肉巷、金鱼巷；以汇集茶寮、酒馆而得名的校场碧萝春巷等等。

横跨明清新旧两城的彩衣街，东接东关街，西贯扬州城西门，交通地位简直就和今天的文昌路好有一拼。乾隆六下江南，彩衣街还作为皇帝出行的御道。不过顾名思义，它的街名却是来自街上林立的彩衣店铺。据说它原叫裁衣街，因聚集着众多的裁缝店而得名，后来叫着叫着成了彩衣街。其实，裁衣是制作，彩衣是成品，都是一回事，说到底它就是一条专业制衣街。《扬州画舫录》记载："司后一层，旧设有制衣局，其后绣货、戏服、估衣等铺麇集街内，故名。"

今日彩衣街

翠花街，又名新盛街，西接南柳巷口大儒坊，东达辕门桥街（今国庆路）。因为"肆市韶秀，货分隧别，皆珠翠首饰铺"，而得名翠花街。对于这条荟萃着女人服装饰品的清代女人街，《扬州画舫录》里，对街上出售的假发、高跟鞋、绣花衫、百褶裙等女人服饰，都有着一段段十分详细的记载描述：

昔日翠花街

"扬州鬏勒,异于他地。有蝴蝶、望月、花篮、折项、罗汉鬏、懒梳头、双飞燕、到枕鬏、八面观音诸义髻,及貂覆额、渔婆勒子诸式。女鞋以香樟木为高底,在外为外高底,有杏叶、莲子、荷花诸式,在里者为里高底,谓之道士冠,平底谓之底儿香。女衫以二尺八寸为长,袖广尺二,外护袖以锦绣镶之,冬则用貂狐之类。裙式以缎裁剪作条,每条绣花两畔,镶以金线,碎逗成裙,谓之凤尾,近则以整假缎折以细丝道,谓之百折,其二十四折者为玉裙,恒服也。"

颇有意思的是,《扬州画舫录》作者李斗,便曾一度住在这条街上的一处叫做贮秋阁的房子里。可见他日日出入于这条街上,熟睹细观,所以能对于街上出售的女饰描述得如此详尽精微。

今天的甘泉路,原名锻子街,后称多子街。据《扬州画舫录》载:"多子街即缎子街,两畔皆缎铺。扬郡着衣,尚为新样,十数年前,缎用八团。后变为大洋莲、拱璧兰颜色,在前尚三蓝、朱、墨、库灰、泥金黄,近用膏粱红、樱桃红,谓之福色,以福大将军征台匪时过扬着此色也。每货至,先归绸庄缎行,然后发铺,谓之抄号。"比阔斗富的扬州人,有一条缎子专卖街,也是理所当然的事。但后来不知是什么人提出"锻子街"谐音"断子街",有断子绝孙之忌,大家也都附和,于是干脆取吉祥寓意,将它叫成了"多子街"。

今为甘泉路的昔日缎子街

◎东关深锁旧繁华

东关街是扬州历史上繁华的传统商业区和最早的盐商聚居地,它不仅是扬州水陆交通要冲,而且是商业、手工业的集中地和宗教文化中心。明清时期这里集中了大量的老字号和众多文物古迹。街面上市井繁华、商家林立,行当俱全,生意兴隆。这里有陆陈行、油米坊、鲜鱼行、八鲜行、瓜果行、竹木行百家之多。其中名闻遐迩的"老字号"商家就有开业于1817年的四美酱园、1830年的谢馥春香粉店、1862年的潘广和五金店、1901年的夏广盛豆腐店、1909年的陈同兴鞋子店、1912年的乾大昌纸店、1923年的震泰昌香粉店、1936年的张洪兴当铺、1938年的庆丰茶食店、1940年的四流春茶社、1941年的协丰南货店、1945年的凌大兴茶食店、1946年的富记当铺。此外,还有周广兴帽子店、恒茂油麻店、顺泰南货店、恒泰祥颜色店、朱德记面粉店、樊顺兴伞店、曹顺兴箩匾老铺、孙铸臣漆器作坊、源泰祥糖坊、孙记玉器作坊、董厚和袜厂等等。这些地方是扬州城市人居文化的重要载体和至今保存最完整的地区。

> 教场四面茶坊启,把戏淮书杂色多。
>
> 更有下茶诸小吃,提篮叫卖似穿梭。
>
> ——桃潭旧主《扬州竹枝词》

因聚集着铜铁铺而得名的湾子街打铜巷

因茶馆酒家密布而得名的碧萝春巷

第 7 章 华彩扬州居(上)——运河时代铸成绝响的明清扬州城居辉煌

东关深锁旧繁华

东关街上厂、店、居三合一的百年香粉老店谢馥春

◎教场微缩上河图

扬州老城区的教场，曾是明、清时期操练和检阅军队的场地，后驻军迁移，民众就在这里不断盖房建屋，茶楼、酒肆、书场、玩百技、卖杂耍的也随之纷至沓来，到清代中叶以后，逐渐发展成为集餐饮、沐浴、客栈、书场、娱乐为一体的都市民生的市井热土。三教九流，摊贩云集，繁荣盛景犹如一幅微缩的"清明上河图"。

拆迁中的教场

老教场餐饮名店九如分座

昔日教场高家如意园小楼

第四节　雅俗同好
——明清扬州城市人居的文化设施及风雅属性

文化、文采是一座城市人居的龙睛凤羽。明清扬州重道兴文，以全方位投入，打造出绿杨城郭的斐然文采和风雅盛名。明清扬州的富人，在追逐物质享受的同时，也热衷致力于扬州的城市公益建设和文化建树，他们造桥铺路、建书院、兴教育、筑林园、盖寺庙、修古迹、组诗社、养戏班、刻典籍、藏书画、研经史、行医术等等，多行公益，把明清扬州变成一座文采富丽的文化雅都。

旌忠寺位于旧城旌忠巷，相传此地是梁昭明太子萧统文选楼旧址。陈大建中天台僧智顗大师来扬弘法，就文选楼遗址建寂照院。因隋炀帝亲临听讲遂成名刹。明、清两代屡经修建。寺额旧题有"文楼旌忠"。该寺堪为扬州儒家文化与佛教精神融合为一的传统名胜的代表。

> 广陵书院喜工成，聘请名师教后生。
> 不但有文还有行，制科人物观通城。
>
> ——臧谷《续扬州竹枝词》

◎书院、文庙、文武祠

《扬州画舫录》记载："扬州郡城，自明以来，府东有资政书院，府西门内有维扬书院，及是地之甘泉山书院。国朝三元坊有安定书院，北桥有敬亭书院，北门外有虹桥书院，广储门外有梅花书院。其童生肄

位于旌忠寺内的文选楼

业者，则有课士堂、邗江学舍、里书院、广陵书院，训蒙则有西门义学、董子义学。"

明嘉靖中建，初名甘泉书院，又名崇雅书院，清雍正十二年改为梅花书院。为扬州古老书院之一。重新修缮后作为扬州书院博物馆。

梅花书院

文昌楼是扬州府学的魁星楼，所以名"文昌阁"，建于明代万历十三年。旧日阁上悬有"邗上文枢"匾额。文昌阁为八角三级砖木结构建筑，与北京天坛的祈年殿相似。阁的底层，四面辟有拱门，与街道相通，阁的第二、三两层，四周虚窗，皆可输转。登楼四眺，远近街景，尽收眼底。文昌阁作为唯一保存下来的扬州府学文庙建筑，它的价值和意义已经远远超越了文庙建筑的内涵，而成为扬州古今文化的一个标志。

四望亭高宝孕胎，文风吹起欱燃灰。

生生满目阳春景，大地腰缠骑鹤来。

——林苏门《续扬州竹枝词》

清代的县志记载，四望亭建于明代嘉靖年间，原叫魁星阁，属县学管理，里边供奉专司文事、监督科举考试的魁星神。亭为八角形，砖木结构；上下三层，每层阁楼有窗户，可向四方瞭望。最下层四面开门对着街道，人可自由穿越。清代末年，太平天国起义，与清军争夺扬州，派兵丁"架木四望亭"瞭望军情，原来供奉文神的魁星阁变成用于战争的瞭望亭，名字也被叫作四望亭了。

董子祠是扬州市为数不多的明代建筑之一，也是全国仅存的两座董子祠之一。汉代大儒董仲舒在扬州任汉江都相十年，至今仍保留了众多遗迹，如运司公廨内相传为董仲舒所建的董井，南柳巷头的大儒坊及大儒坊巷，都成为扬州城市人居文化中的珍贵遗产。

明末政治家、军事统帅史可法督师扬州，抗清殉城，高风亮节，感动青史。史公祠建于

文昌阁

四望亭

董子祠

史公祠

清乾隆年间，祠内古木参天，挽联如林，弥漫着浩瀚正气和浓郁文风，是清代扬州文人志士瞻拜抒怀的胜地。

> 琼花台上月同登，塔院蒲团悟大乘。
> 两地年年共酬唱，昆霞道士咏堂僧。

——董伟业《扬州竹枝词》

◎扬州丛林和八大名刹

寺庙既是人们宗教信仰的皈依之地，又是历史文化的汇聚之所。同时，寺庙文化包含着城市民生的各个方面，如天文、地理、建筑、绘画、书法、雕刻、音乐、舞蹈、文物、庙会、民俗等等。寺庙建筑与传统宫殿建筑形式相结合，具有鲜明民族风格和地方特色。一座城市寺庙多，不仅使城市多一些"历史文物的保险库"，而且可以带给人们平和的效果。明清扬州寺庙林立，梵音袅袅。仅《扬州画舫录》记载的清代寺观就有几十处，其中的八大名刹为：建隆、天宁、重宁、慧因、法净、高旻、静慧、福缘。这些兀立于全城各个角落的佛殿道观，不仅荟萃了当时当地建筑艺术的最高成就，而且成为扬州历史文化的象征，充满着神奇掌故和丰厚的人文积淀，演绎过上至高僧帝王、诗擘文魁，下至平民百姓、市井奇人的无数传奇故事。

建于明代的西方寺，位于驼岭巷西段北侧。西方寺前身是隋朝所建的避风庵，原址地滨大江，风浪作时客舟皆泊庵前。后唐太宗敕赐"西方禅寺"额。明洪武年间僧人普得重建。现存明代大殿和晚清复建的廊房、方丈室。大殿重檐歇山顶，所有构架多为楠木制成。殿内主要部分梁、檩、枋的彩绘保留了宋代风格，次要部分构图鲜明，多用连枝图案，花纹轮廓简单，为明代早期彩绘之风格。大殿古银杏为明代所植，树干数围，枝叶繁茂。乾隆年间，杰出画师"扬州八怪"之一金农曾寄居于此。

扬州好，巨刹首天宁。

画槛三层龙藏阁，

玉阶双峙御碑亭。

后面又丛林。

——惺庵居士《望江南百调》

扬州好，古寺说天宁。

千个琅玕留睿藻，

几回游幸驻銮旌。

好记曲廊行。

——费轩《梦香词》

天宁寺始建于晋代，相传为东晋谢安别墅，同时代的尼泊尔高僧佛驮跋陀罗在此翻译《华严经》。清代重建天宁寺，成为扬州八大名刹之一。曹寅受康熙之命在天宁寺刊刻全唐诗。乾隆南巡时，又在寺西花园建造行宫。巍峨庄严的天宁寺不但是佛教圣地，还凝聚着扬州城市历史文化的许多精彩之笔。

文峰塔建于明万历十年，是在当时知府虞德晔等地方官员的赞助支持下，由僧人镇存卖武募化建成。塔建成后，中丞邵御史闻而喜之，题名"文峰塔"，将文化、宗教、民俗合而为一。文峰塔为七层砖木结构楼阁式宝塔，既玲珑又雄伟，体现了古塔建造的高超技艺。每当

西方寺

天宁寺

大明寺

朝阳升起，塔影倒映在古运河的河水之中，如笔蘸砚池，成为砚池墨的景观，所以诗人有"九峰砚池塔作笔"之赞。文峰塔下文峰寺，寺前就是千秋流淌的古运河，唐代高僧鉴真和尚第二、四、六次东渡，都从此入长江。清代康熙、乾隆皇帝数次南巡，也从这里过。文峰塔成为古今扬州的城标。

文峰塔

观音山禅寺

法海寺

千年古刹大明寺，雄踞在蜀冈中峰之上，大明寺及其附属建筑，因拥有鉴真大师、欧阳修、苏东坡三位文化巨擘的行踪故迹且集佛教庙宇、文物古迹和园林风光于一体而享誉古今、名扬四海，是含蓄着深厚丰富历史文化内涵的扬州文化宝藏。山门外东偏壁上，嵌着秦少游书写的擘窠大字"淮东第一观"。

位于大明寺东侧的观音山曾是隋代迷楼故址，明代建有"鉴楼"。观音山处蜀岗东峰，地势在扬州最高，宋以后历代建有寺院，故有"第一灵山"之称。现存的观音山禅寺为清代所建，完全采用山寺的构造方式，峰顶奠基，依山筑殿，不求对称，随势赋形，崇山峻岭，华殿杰阁，古木掩映，楼宇参差，山与庙浑然一体。山道曲折幽深，庙堂峻拔险要，是一座魅力四射的典型山寺。每年一度的观音香会，吸引着四方信众和扬城百姓，从古到今，兴盛不衰。

第
7
章
华彩扬州居（上）——运河时代铸成绝响的明清扬州城居辉煌

高旻寺

乾隆盛事

第7章

华彩扬州居（下）
——运河时代铸成绝响的明清扬州人居辉煌

　　明清扬州在居住理念、建筑模式及形态风格方面，仍然一以贯之地承续汉唐开启的亲水、种花、宅园一体、宜居宜游、熔铸南北而自成面目的城市人居住宅传统和生活模式而发扬光大之，并在两城分野的历史背景下走出了一条创集大成之路，达到了兼、宜、适之境，全面演绎着人居的美善。

美居要素

第一节　新翻水调最清娇
—— 扬州人居亲水魅力的全面释放

　　扬州明清城市人居的亲水特性在新旧两城的勾连延展上得以充分体现。旧城以瘦西湖区及其伸向城区的干支水系为平台布局亲水住宅，演绎亲水生活；新城则是以东南两面紧紧环抱城区的古运河为依托，构撰亲水建筑实现亲水生活。由此形成丰富多样的建筑形态和生活模式，使亲水魅力全面释放。

碧水清莲渡画舟

冶春人家

◎两种亲水模式：湖居模式与河居模式

明清扬州城外、城内多重水系不仅划分界定着新旧两城，而且形成了两城不同的人居特色。它们都是依水筑庐，但由于新旧两城居民所依托的天然、地理条件的不同，故所亲之水大不一样，住宅及家居生活模式和社会休闲生活方式也迥然有别了。由此分化演绎出明清扬州亲水人居的两种模式和多姿多彩的亲水生活。韩日华《扬州画舫词》所咏叹的"保障湖中唱晚船，徐凝门外早春天"，便是对明清扬州新旧两城人居湖河两依亲水特性的高度而准确的概括。

◎旧城人居亲水特色：湖居模式

明清扬州旧城西北郊紧紧依傍着风光旖旎的瘦西湖，旧城人居的社会生活空间，便是围绕着瘦西湖并以其为中心平台展开构撰的。瘦西湖宛如镶嵌在旧城人居衣襟上的一颗散发光泽的璀璨明珠，人们的所居所游、所到所见、所作所为，无不笼罩在它的光波气息里，处处碧水楼台、水廊风榭，时时红桥画舫、柳影花光。由此，形成了一种浸润着自然天籁、蕴含着诗情画意的开敞性公共休闲生活模式——湖居模式。

绿杨明珠瘦西湖

诗画湖天

瘦西湖原名保障河，原是隋唐以来人工开凿的城濠和通向古运河的水道，河面逶迤曲折、野趣天然，清代几任太守先后对其疏浚休整、栽植花木，遂成为一道风物宜人的郊野风景。乾隆皇帝六过扬州流连湖景，驱使扬州的官吏盐商对它加以美化以接圣驾。后来，扬州豪商、有钱人家纷纷沿湖建造私家园林，蔚成气象，形成"两堤花柳全依水，一路楼台直到山"的独特景观。钱塘诗人汪沆到此一游，惊叹于它的美丽，欣然赋诗一首："垂杨不断接残芜，雁齿红桥俨画图。也是销金一锅子，故应唤作瘦西湖。"诗中把扬州的湖和杭州西湖作比，认为风景之美不让西湖，反而比西湖更多出一份楚楚可人的秀丽风姿和曼妙神韵，故称它为瘦西湖。由此芳名远播。

兔庄是其中的一个小岛，位于五亭桥东侧，原为乡绅陈臣朔的私家别墅园林，建于1921年。虽然出现在民国早期，但仍是清代以来盐商富室追逐湖居生涯的完美传承。兔庄建筑和汀屿一体偃卧水面，远眺似野鸭戏水，似浮若泅，所以取名兔庄。园内东有水榭，西设水阁，南建水楼，不规则的荷花池位于庄中，环植梅、桃、筱竹，间叠湖石。建园造景亲水立意，以小为则，亭、榭、廊、阁玲珑别致，山池木石缀置得宜，正如《望江南百调》所歌："亭榭高低风月胜，柳桃杂错水波环，此地即仙寰。"兔庄堪为民国间寥若晨星的精湛人居建筑。

瘦西湖上私家园林凫庄

◎风情万种的湖居生涯

旧城人居的亲水特性，是瘦西湖孕育浸润出来的。虽然瘦西湖位于城外，但人们对它的感情却没有城墙的隔阂。人们的亲水，亲的就是瘦西湖。人们喜欢的，是瘦西湖所代表的一种闲适美妙的生活和诗情画意的精神愉悦，是旧城居民带有某种慵懒颓废意味的休闲人生。于是，人们纷纷走出城垣，到瘦西湖畔建宅造园，湖光云影，舟船悠游。由此一来，明清扬州的瘦西湖沿岸，荟萃着数不清的私家住宅园林，形成一条瑰丽绵长集锦式湖上园林风光带，一座汇集了扬州人居美梦的人居名区。

◎经典休闲"湖舫候玉"

游湖赏景、消遣闲情，成为扬州人必不可少的生活内容和精神寄托。入绿杨城郭，游十里瘦西湖，当然其中也包括新城居民和四方游客。古人把邀约朋友画舫游湖雅称为"湖舫候玉"。四时八节，风晨月夕，游人如织，画舫盈湖，可以"约伴乘船去泛春，画舫如云竞往还"，可以"十里湖光月满船，两桨如飞静不哗"，可以"船住柳阴齐煮蟹，大家清赏菊花天"。良辰美景，赏心乐事，一起交付给蓝天碧水间的一只只画舫游船。扬州画舫和瘦西湖船娘，遂成为最能代表清代扬州城市休闲生活特色的一道远近闻名的洵美风景。我们在今日保存下来的民国前期老照片和今日扬州习俗中，仍能强烈感受到湖舫候玉的风雅余痕。

◎湖居生涯在诗人作品中的完美定格

清代扬州旧城人居的湖居生涯，在《扬州竹枝词》诗歌系列里有着完整细致的描述和酣畅淋漓的抒发。其中盈篇累牍不厌其烦咏叹着的，有王仲儒、钱芳标的《扬州竹枝词》、韩日华的《扬州画舫词》、辛汉清的《小游船诗百首》、孔尚任的《清明红桥竹枝词》、李必恒的《保障湖竹枝词》、费轩的《梦香词》、兴安居士的《望江南百调》等等。通过诗人们的吟咏讴歌，让我们得以品味欣赏到这座与古运河同命运共呼吸的亲水人居名城，留在运河文明最后一个辉煌时代里的千娇百媚。

湖居生涯

一湾春水四围花，树是屏风船是家。
荡入五亭桥下去，听人唱歌按红牙。

——程炎《小游船诗》

灯火荧荧荷茭香，小船衔接大船忙。
湖山自是清凉界，也与人间作热场。

——许增福《广陵竹枝词》

楝花风里暮春天，人与红桥有旧缘。
小艇一篙撑出口，碧芦无际水无边。

——辛汉清《小游船诗》

为爱秋高逸兴赊，夜凉如水泛仙槎。
酒阑人散成阴路，听到谯楼鼓四挝。

——辛汉清《小游船诗》

竹园西畔是红桥，野馆佳园柳色绕。
镇日旧人看不厌，夕阳箫鼓催归舠。

——萧说《红桥竹枝词》

绿杨城郭泛仙槎

◎新城人居亲水特色：河居模式

明清扬州新东南两面紧紧环绕着桨声帆影古运河，新城人居的建筑布局及社会生活内容形态，则是围绕着古运河并以其为空间平台展开构撰。古运河宛如一条束裹在新城腰围上的充满了灵性的翡翠腰带，

古运河

它作为新城人财富的源泉、雄心和梦想的载体、风水运道的象征，串缀、规范与梭织着人们的居游思维，流淌成一道蕴含巨大神奇张力的隐蔽性私密生活形态：河居模式。

不尽风流古运河

公元前486年，吴王夫差在蜀冈上筑邗城，肇开了扬州城建和大运河发端的历史。公元608年，隋炀帝在前人基础上开凿完成了一条沟通中国五大水系的南北大运河。位于运河枢纽上的扬州，从此谱写出运河名城亲水人居的旖旎史诗。时至今日，古运河在扬州明清老城区东南面仍保存着从瓜洲至湾头全长约30公里的蜿蜒河段，沿岸自然风光绮丽多姿，名胜古迹星罗棋布，人文景观精美绝伦，依稀彰显着几百年前扬州新城人居的风情韵致。

◎深居畅达的河居生活

新城人居的亲水，是古运河滋润培养出来的。人们的亲水，亲的则是古运河；人们热爱的，是古运河给他们带来的无穷便利、滚滚财富以及风生水起的好运道。河的这头密锁着高墙深巷阔院华堂，河的那头却系结着一个通江达海视野无边精彩无限的世界舞台，深居而畅达，大开大阖，造就了新城人居独有的精神面目。所以，新城民居无论是在建筑择地、宅园构造，还是在日常生活和精神情感上，都有着一种鲜明的"向河"的倾向，体现出对于这条"河"的迷恋和皈依情怀。

古运河上东关古渡

向河居

◎河居生涯在诗人作品中的淋漓渲染

清代扬州新城人居的河居生涯，同样在《扬州竹枝词》诗歌系列里留有刻画勾描，这些诗歌形象描绘了明清扬州新城人居河—江—海三位一体的河居特色，真实见证了千年人居名城扬州与古运河同呼吸共命运的历史。

> 吴沟遥接汴河开，江上春潮日日回。
> 夜半桨声听不住，南船才过北船来。
>
> ——李国宋《广陵竹枝词》

> 自筑邗沟水利开，盐艘环聚运漕来。
> 剧怜小劫红羊后，新法分更苦费才。
>
> ——徐兆英《扬州竹枝词》

> 扬子江头长大潮，东关门外画船摇。
> 追游不向红桥去，闲煞城西柳万条。
>
> ——王仲儒《端午竹枝词》

> 醝客连樯拥巨资，朱门河下锁葳蕤。
> 乡音欵语兼秦语，不问人名但问旗。
>
> ——何嘉延《扬州竹枝词》

> 商人河下最奢华，窗子都糊细广纱。
> 急限饷银三十万，西商犹自少离家。
>
> ——王仲儒《扬州竹枝词》

> 新挑河放广陵船，恰好春开锦绣天。
> 自古繁华今又盛，人居福地种心田。
>
> ——林书门《续扬州竹枝词》

诗人江璧《广陵感旧词》诗中有这样的咏叹"亭榭家家傍水开，个中原唤小秦淮"。全长1.9公里的小秦淮，北接大东门东水关，南通古运河，贯穿扬州城，它是古城扬州的诗，扬州的画，扬州的性情，扬州的传奇。旧时两岸聚集歌馆楼台，河里画舫云集，留下无数脂浓粉腻的香艳咏叹。

古运河游览线游客觅趣中途（凤凰岛古金沙湾生态景区）

风光旖旎小秦淮

第二节　扬州以园亭胜
——扬州人居住宅园林的全盛演绎

　　明清扬州是全国盐业集散中心,四面八方的豪商巨贾都聚集于此,人们腰缠万贯,挥金如土,既要建立长久传世的世家基业,又讲究家居生活品质和享受,于是不惜重金构建园林化住宅庭园。仅嘉庆以后的200年间,扬州上规模的大园林即有200多座。清人钱泳的《履园丛话》记述了他于乾隆五十二年秋到扬州时看见的情景:"自天宁门外起,楼台掩映,朱碧新鲜,宛入赵千里仙山楼阁中。"清人沈复在他的《浮生六记》中曾称赞扬州园林是"奇思幻想,点缀天然,即阆苑瑶池,琼楼玉宇,谅不过此"。湖光山色、楼阁连云、豪门佳苑、曲径通幽,形成"杭州以湖山胜,苏州以市肆胜,扬州以园亭胜,三者鼎峙,不分轩轾"(李

古虹桥修禊景区

古西园曲水

斗《扬州画舫录》记载，刘大观评语）的城市格局和人居品牌，享有"扬州园林甲天下"的绮名盛誉。清时扬州由此成为中国古典园林之江南园林的集大成地。

《扬州画舫录》载八大名园

郡城以园胜。康熙间有八家花园，王洗马园即今舍利庵，卞园、员园在今小金山后方家园田内，贺园即今莲性寺东园，冶春园即今冶春诗社，南园即今九峰园，郑御史园即今影园，条园即今三贤祠。《梦香词》云"八座名园如画卷"是也。

◎ 两种园林人居方式：湖上园林与城市山林

旧城西北郊瘦西湖区，依托十里瘦西湖风光构建的园林名胜荟萃集锦，迤逦成带，形成以集锦式、开放式湖上园林风光带为特色的园居胜景。新城东南濒临运河，富商巨族高楼深宅相为连属，高楼广第鳞次栉比，私家宅园遍地开花，于是形成一条由南河下、中河下、北河下组成的私家住宅园林一条街：河下街。这些深藏于高墙深院中的私家宅园，凿池引泉，叠石成山，亭台楼阁，曲廊水榭，奇花异木，被誉为繁华都市中的城市山林。旧城湖上园林与新城城市山林，一为敞开式的公共游览空间，

湖上园林西园曲水　　　　　　　　城市山林小盘谷

一为封闭式的私家起居领地，呈现出两种完全不同的园林形态和园居文化。

◎湖上园林：旧城人居建筑翘楚

天下西湖三十六，独一无二瘦西湖。明清时期的瘦西湖是扬州古典园林的集萃名区，拥有湖上园林、住宅园林、寺庙园林、祠堂园林、盆景园、花鸟市等多种形态的园林景观。核心景区瘦西湖，则以"两堤花柳皆依水，一路楼台直到山"的集锦式湖上园林群而成为江南园林全景式标本。汇扬州园林美景之大观，集南北造园艺术之大成，迂回曲折，逶迤伸展，

二十四桥景区

俨然一幅天然秀美的国画长卷，一道顾盼生姿的稀世丽景。

《扬州画舫录》记载北郊湖上园林二十四景

乾隆乙酉，扬州北郊建"卷石洞天"、"西园曲水"、"虹桥揽胜"、"冶春诗社"、"长堤春柳"、"荷浦薰风"、"碧玉交流"、"四桥烟雨"、"春台明月"、"白塔晴云"、"三过留踪"、"蜀冈晚照"、"万松叠翠"、"花屿双泉"、"双峰云栈"、"山亭野眺"、"临水红霞"、"绿稻香来"、"竹楼小市"、"平冈艳雪"二十景。乙酉后，湖上复增"绿杨城郭"、"香海慈云"、"梅岭春深"、"水云胜概"四景。署中文宴，尝书之于牙牌，以为侑觞之具，谓之"牙牌二十四景"。（卷十《虹桥录上》）

清代瘦西湖著名的二十四景，实际上是二十四处性质不同、功能有别、风景各异的园林名胜。今日瘦西湖的卷石洞天、西园曲水、长堤春柳、徐园、小金山、莲花桥、白塔、二十四桥、静香书屋等精品景点，便是当年二十四景的遗存风景，它们点染着窈窕曲折的一湖碧水两岸，宛如次第展开的天然画卷，园林群景色宜人，融南秀北雄为一体，风韵独具而蜚声海内外。

平冈艳雪

万松叠翠

春台明月

小金山

◎城市山林：藏在深宅大院中的世外洞天

　　受到旧城已有格局的限制而不得不跑到新城来辟地造屋，安家落户的豪商巨贾们，既要让自己的住宅能够确保巨大财富的安全和身家性命的无虞，又要做到在足不出户的情况下也能享受到自然万象的美好风景。正是在这双重需求的支配下，大盐商们各具匠心建造起来的私家住宅，无不在最大限度地实现阔大、便利、私密、安全等物质性居住保障的同时，纷纷致力于在住宅中营造一方亲近自然、坐拥山水、光景长好的精神审美空间——园林，遂把私家住宅变成了一座座沉潜于红尘喧嚣中的城市山林、世外仙源。

南河下历史文化保护区

南河下街区位于扬州明清新城区东南部的古运河沿岸，这里集藏着清代盐商和名人留下的大宅门式的古宅深院和城市园林，除占地面积3400余平方米的大盐商汪鲁门宅，占地约3000平方米的盐商廖可亭宅外，还散落着棣园、平园、湖北会馆、小盘谷、二分明月楼等。

街南书屋和小玲珑山馆

扬州大盐商马氏兄弟的家园街南书屋及小玲珑山馆，曾是在中国文化史上以藏书、雅集著称的文化名胜，群贤荟萃，气象万千。今天我们见到的街南书屋是在原址上新建的。

二分明月楼

新复建的街南书屋

卢氏盐商大宅和宅中的意园

盐商总商住宅个园

个园位于东关街上，是嘉庆年间两淮盐商总商黄至筠的家宅。它以匠心独创分峰叠石的四季山特色景观和经久不衰的艺术魅力，为江南园

城市山林幽亭环翠（个园）

个园抱山楼壶天自春

林孤例和扬州明清园林的经典代表，与北京颐和园、承德避暑山庄和苏州拙政园并称为“中国四大名园”。2006 年，作为中国江南园林的唯一代表入选美国世界园。

城内两何园

何栻壶园与何芷舠“寄啸山庄”因主人都姓何，所以人们同称何园。壶园位于东圈门街，园主何栻与李鸿章、曾国藩、李盛铎、张元济等众多名人过往密切，罢官后定居扬州，造宅园以自安。寄啸山庄位于南河下街住宅群中的北部，园主何芷舠与李鸿章、孙家鼐、张之洞等近代大家族有着亲密的姻亲关系。何园继承了中国传统造园艺术的精华，同时汲取了西洋建筑要素，在有限的园居空间，展开了一幅天人合一、中西合壁的立体画卷，将中国私家园林的建筑审美和居游功能发挥到高度和谐与极致完美。两座何园都是扬州私家园林的精品佳构，近人惺安居士在《望江南百调》中咏叹：“扬州好，城内两何园。结构曲如才子笔，宴游常驻贵人轩。东阁返梅魂。”

两何园之一的壶园

两何园之一的寄啸山庄

◎行宫御苑：两朝天子的圣迹遗踪

清康乾两朝天子分别六次南巡，均驻跸扬州。园林也是扬州官商接驾盛典的重要内容。园林名城的绝世丽景给博学风雅的两朝天子留下深刻的印象。除了官府组织的专门游程外，乾隆还多次深入到民间私人花园游玩，题名赠诗，甚至赏赐园主官职虚衔。这样一来，扬州盐商更是群起效仿，倾尽财力竞相攀比造园。南巡盛典促进了扬州园林的繁荣，也提升了扬州园林的品位。当年的高旻寺、天宁寺都曾做过皇帝驻跸扬州的行宫御苑。

> 东园曾幸翠华过，远胜销金云水窝。
>
> 三百梅花香世界，二分月占一分多。
>
> ——许增福《广陵竹枝词》

> 当时帝子到扬州，二十四桥清夜游。
>
> 玉骨香肤都化土，随风又入选妆楼。
>
> ——王仲儒《扬州竹枝词》

> 金碧楼台势接连，行宫丹桂早秋妍。
>
> 空庭略坐烹茶熟，博古争谈第五泉。
>
> ——张维桢《湖上竹枝词》

当年的康熙行宫高旻寺

天宁寺西苑乾隆行宫遗址

当年乾隆行宫天宁寺前登舟游湖的御马头

至今保存着乾隆皇帝游览题诗御碑的大明寺西苑

第三节　健笔写柔情
——扬州人居建筑兼美风格的完满成型

　　明清扬州人居建筑的精神特性和风格特点，用一个"兼"字可以很好概括。地兼南北、道兼天人，功兼美用、居处兼宜。汲百川以成江海，罗万象而序井然，充分体现了扬州这座移民城市在人居文化上高度的开放包容性和择善而取、集萃而利、熔铸出新后自成一格的功用意识和审

扬州园林的复道回廊（容啸山庄）

美品格。

◎兼美之一：天道人伦合而为一

扬州园林经久不衰的魅力，在于它以中国传统哲学"天人合一"的自然宇宙观为主导，以天道人伦和谐共处的人居理念为核心，在崇尚自然、师法自然、取材自然的同时，融进强烈的人欲需求和人文要素，缔造了一种天人谐和的兼美的人居文化形态。居高墙深院拥自然山水，变繁华闹市为世外桃源。人们可以在这里观赏美景、消磨闲暇、寄寓身心、陶冶性情，享受一种生命的真轻松和大欢喜。

◎兼美之二：北雄南秀刚柔相济

湖区建筑楼台纡徐，宅园阔朗，城区小桥流水、短径矮庐。河下住

宅外观高墙深院，青砖灰瓦，门户谨严、行藏尽收，俨然北方乔家大院般的住宅建筑风格气派。而入得门来，豁然开朗，厅堂轩敞，亭榭玲珑，廊道纤徐，花窗借景，奇峰飞谷，鸟语花香，处处盈溢着江南人居的曼妙风情。古建园林专家陈从周先生用健笔写柔情来形容扬州人居在建筑制式和形态审美上这种糅合南雄北秀而自出机杼、达到风骨情肠刚柔相济的风格面目，可说是深谙其中精髓。

北雄南秀刚柔相济的又一经典代表五亭桥

小盘谷仙桃

◎兼美之三：文情画意相得益彰

住宅建筑不仅是用来满足人们起卧居处的有形实体，而且是人们可以自由释放精神情感的无形空间，而对于这后一种功能的注重和追求，成为明清扬州园林住宅建设中最鲜明的特征。无论是具有公众游览观赏性质的湖上园林，还是城市山林中的私家宅园，都会在起屋建宅模山范水的同时，有机摄纳，糅合建筑、文学、美术、书法等等文学艺术要素于其中，着力构建出自然物象与人文意趣水乳交融的诗情画意。

就拿私家园林的题名来说，大盐商黄至筠

把自己的家园题名个园，"个"是个象形字，看上去即为竹叶形状，最早的意思便是"竹一竿"，而竹在中国在中国传统文化中代表着清高正直的品格节操。清代大才子、大诗人袁枚就曾用"月映竹成千个字，霜高梅孕一身花"这样美丽绝伦的诗句来赞美竹子和梅花。黄至筠爱竹、种竹，名字里面也含竹，所以他以"个"名园，以寄爱好，以明心志，让自然的、历史的、文化的、艺术的竹的美妙，融聚成了个园独有的文化积淀和美学趣味。

仕途亨通的官场人物何芷舠正当 49 岁壮年毅然辞官，归隐扬州，建造了一座美丽的大宅园奉亲教子，他从前辈高人陶渊明的《归去来辞》中的"倚南窗以寄傲"、"登东皋以舒啸"两句中撷取了"寄"、"啸"二字来命名自己的宅园，鲜明地表达了不与黑暗官场同流合污的抱负情怀，从而也赋予这座园林高洁的品格内涵和浓郁的文化气息。

◎兼美之四：宅园合一居游两宜

明清扬州无论是湖山园林还是私家住宅的城市山林的布局构造，虽

均匀分布于复道回廊壁间形成连绵借景空间的什锦花窗透风采光、观光借景，可谓宜居宜游的精妙之笔

然多是宅园合一的模式，却有着严格巧妙的空间区隔设计。所以不管其作为宅的部分如何私密封闭，绝无外人闯入窥伺的可能，其作为园的部分，却永远具有向外开放的公共空间的性质，以便于主人邀朋招友、雅集游赏、品茗观花、听戏拍曲、诗文酒会。这种宅园合一、居游两宜、居游两便的建筑模式及其所形成的普遍风尚，成为扬州人居文化中极有意义的优良传统。

傍花居

《扬州画舫录中》记载的关于"厅"的种种名堂

湖上厅事，署名不一：一曰"福字厅"，本朝元旦朝贺，自王公以下至三品京堂官止，例得恭邀颁赐"福"字，各官敬装匾、供奉中堂，以为奕世光宠。南巡时各工皆赏"福"字，如辛未，则与石刻《坐秋诗》《水嬉赋》同赏之类。工商敬装龙匾，恭摹于心字板上，择园中厅事未经署名者悬之，谓之"福字厅"。如皆已有名，则添造厅事，或去旧匾换"福"字，如冶春诗社之秋思山房，"荷浦薰风"之清华堂之属，皆是今之福字厅。其次有大厅、二厅、照厅、东厅、西厅、退厅、女厅。以字名如一字厅、工字厅、之字厅、丁字厅、十字厅；以木名如楠木厅、柏木厅、杪椤厅、水磨厅；以花名如梅花厅、荷花厅、桂花厅、牡丹厅、芍药厅。六面度板为板厅；四面不安窗槛为凉厅；四厅环合为四面厅；贯进为连二厅及连三、连四、连五厅；柱檩木径取方为方厅；无金柱亦曰方厅；四面添廊子飞椽攒角为蝴蝶厅；仿十一檩桃山仓房抱厦法为抱厦厅；枸木椽脊为卷厅；连二卷为两卷厅；连三卷为三卷厅；楼上下无中柱者，谓之楼上厅、楼下厅；由后檐入拖架为倒坐听厅。（卷十七《工段营造录》）

趣园是扬州盐商黄履暹的别业，原名四桥烟雨，因每当朝烟暮霭之际，瘦西湖烟水空濛，登上景区主楼，可见虹桥、春桥、春波桥、莲花桥形姿各异，如彩虹出没其间，极水云缥缈之趣。乾隆皇帝对四桥烟雨景区的景致酷为赏识。六次南巡，四次赐诗，并御书赐名"趣园"。现存御碑"趣园"半块。如今，根据《扬州画舫录》记载，在原有四桥烟雨楼等建筑景观外，恢复建造了锦镜阁、水苑清音、光霁堂、澄碧楼等景点，让这座风格独特的历史名园得以重现芳容。

锦镜阁
被《扬州画舫录》称为"湖上阁以锦镜阁为最"的趣园锦镜阁

春饰趣园

熙春台
《扬州画舫录》称之为"江南台制第一杰作"的复建的熙春台，融北方皇家宫殿与江南楼阁建筑的雄秀并丽

古影园遗存

山光凝萃

第 8 章

悲情扬州居
——民国老照片与文化名人游记中的扬州人居舛途

民国时期的扬州小东门城楼

20世纪40年代扬州南门城楼

借助大运河通江达海的枢纽地位和全国盐业中心的财富魔力，明清扬州演绎出封建时代最后一个辉煌高峰。而紧接下来，伴随着国家盐业专卖制度的解体及铁路兴造所带来的陆路交通迅捷畅达的同时，运河漕运急剧衰落，这座在花月歌吹中沉醉了千年的绿杨城郭，仿佛一夜之间，从天之骄子的荣宠宝座一跌千丈，跌落到时代的荒坡颓岸，从此退出了举世瞩目的历史前台。不过，纵观整个近现代扬州人居，尽管其令人艳羡的"宝石时代"一去不复返，但它曾经拥有的那份悠久绵长的瑰丽和优雅，却深深扎根于城市文化的肌理，若隐若现，闪闪烁烁，始终萦绕在整整一代民国文人雅士的徘徊流连咏叹感怀中。

民国间，一位又一位文坛大家、社会名流各自

扬州过去毕竟是一繁华之地，虽已走向衰落之路，便是百足之虫，死而不僵，其旧架子还在。——洪为法

上世纪中叶填埋前的老汶河

民国时期的鹅颈湾（现国庆路尾萃园路口）

20世纪30年代的扬州菜市场

民国时期街头

20 世纪 40 年代的绿杨城郭

20 世纪 30 年代的扬州老城墙

怀揣着一个关于这座人居名城的瑰丽梦想来到扬州，现代著名作家朱自清、郁达夫、曹聚仁、易君左、范烟桥、洪为法，著名作家、美术家叶灵凤，著名电影戏剧艺术家石挥，著名报刊编辑、副刊圣手张慧剑，著名出版教育家舒新城、朱楔等等，他们以自己的切身感受和缤纷文采，留下了一幅民国扬州可叹可恋可追可怀的迷蒙图景。

买车前进于风雨中。在雨篷缝隙处得见扬州街市，小而狭，多石子，但颇繁荣。——石挥

渡运河，入福运门，扬州街道狭小，犹多石砌，盖视江南诸城，犹多少保存本来面目也。……过二十四桥遗址，望绿杨深处，画舫低回，丝管繁奏，清歌宛转，如读《扬州画舫录》。——朱楔

堤边的垂杨却很整齐，我爱她比任何瘦西湖的景致都好。每一岸分种着两列，站在一端望过去，像一条用柳树砌成的巷子。要是春天，我想一定有不少人到这里树荫底下来游憩的，可惜我们坐在这里正是严朔的初冬。我看看天上的白云，再望一望堤边的垂柳，设身一想，我是实现了瘦西湖的旧梦。——宣博熹

第一节　传统城市旧人居生活模式的衰落
—— 近代扬州城市人居样貌掠影

　　无限向往的民国名人们带着从前人典籍史料和诗词歌赋中获得的一脑袋花月春风繁华梦、桨行车载来到心目中的人间乐土，却被眼前破败凋零的城市人居景象给击得碎作一地，满心欢喜顿时化为一怀感伤，于是他们个个用自己的敏感捷思和才情笔墨，不甘不愿地为这座跌落的名城抒写下一幕幕悲情画图。

解放初期仍保存着的教场望火楼

　　◎无所不在的暮气

　　扬州真象有些人说的，不折不扣是个有名的地方。不用远说，李斗《扬州画舫录》里的扬州就够美慕的。可是现在衰落了，经济上是一日千丈的衰落了，只看那些没精打彩的盐商家就知道。——朱自清

　　铁路开后，扬州就一落千丈，萧条到了极点。从前的运使、河督之类，现在也已经驻上了别处；殷实商户，巨富乡绅，自然也分迁到了上海或天津等洋大人的保护之区，故而目下的扬州只剩了一个历史上的虚壳，内容

解放初期的汪氏小苑

便什么也没有了。——郁达夫

我在讲授《中国文化史》，问在座的同学："百五十年以前，黄浦江两岸蒲苇遍地，田野间偶见村落，很少的人知道有所谓上海。诸位试想想那时中国最繁华的城市是什么地方？"同学们有的说是北京，有的说是洛阳，有的说是南京，没有人说到扬州。自吴晋以来，占据中国经济中心，为诗人骚客所讴歌的扬州，在这短短百年间，已踢出于一般人记忆之外，让上海代替了她的地位；这在有过光荣历史养成那么自尊心的扬州人看来，这是多么悲凉的事！——曹聚仁

扬州是一个具有悠久浓厚的我国古

20世纪40年代的东关洼字街渡口

民国时期古运河码头行人寥落的待渡亭

老文化传统的地方。可是即使在三十年代，当我们第一次去时，盐商的黄金时代早已是历史上的陈迹，一代繁华，仅余柳烟，社会经济的凋敝，已经使得扬州到处流露了破落户的光景。——叶灵凤

◎衰败的园亭池榭

平山堂一带的建筑，点缀，园圃，都还留着有一个旧日的轮廓；像平远楼的三层高阁，依然还在，可是门窗却没有了；西园的池水以及第五泉的泉路，都还看得出来，但水却干涸了，从前的树木，花草，假山，迭石，并其他的精舍亭园，现在只剩了许多痕迹，有的简直连遗址都无寻处。——郁达夫

再进经过一座荒芜的庄子，据说是凫庄，盖其形似鸭子浮在水面也。与凫庄相近之处有一桥，上有小亭，据云是五亭桥，为扬州名桥，但亭将倾圮，我们只在船上略为瞻仰，不敢冒险登临。——舒新城

莲花桥，即俗称五亭桥，因为"上建五亭"的原故。不过在民国二十二年以前，年久失修，桥上五亭，陆续倒塌，至于一亭都无，一时游人遂戏呼无亭桥。至二十二年，邑人王柏龄等倡修此桥，组织了重建扬州五亭桥委员会，募了好几千元，并且移用了城内皇宫的砖瓦木料，才将桥上的五亭重建起来，至今还有王氏撰的《重建五亭桥记》石刻安置在桥上。——洪为法

20 世纪 30 年代的天宁寺御码头

1910年拍摄的扬州五亭桥

第五泉前一个中西合璧的留影

20 世纪 30 年代的平山堂欧阳祠

20 世纪 20 年代扬州瘦西湖凫庄和五亭桥

◎萧条的古寺名刹

徐园隔河对峙的是湖心寺，寺后有扬州有名的小金山，只惜时间太匆忙，便只在徐园水滨略为瞻望：只见一座古刹浮水上、一个小丘耸空中而已。再前进，经过一破庙，据云为法海寺。

——舒新城

天宁门外的天宁寺，天宁寺后的重宁寺，建筑的确伟大，庙貌也十分的壮丽；可是不知为了什么，寺里不见一个和尚，极好的黄松材料，都断的断，拆的拆了，像许久不经修理的样子。时间正是暮秋，那一天的天气又是阴天，我身到了这大伽蓝里，四面不见人影，仰头向御碑佛像以及屋顶一看，满身出了一身冷汗，毛发都倒竖起来了，这一种阴戚戚的冷气，叫我用什么文字来形容呢？

到了平山堂东面的功德山观音寺里，吃了一碗清茶，和寺僧谈起这些景象，才晓得这几年来，兵去则匪至，匪去则兵来，住的都是城外的寺院。寺的坍败，原是应该，和尚的逃散，也是不得已的。就是蜀冈的一带，三峰十余个名刹，现在有人住的，只剩了这一个观音寺了，连正中峰有平山堂在的法净寺里，此刻也没有了住持的人。——郁达夫

20世纪30年代的扬州大明寺牌楼

20 世纪 30 年代的大明寺牌坊和山门

20 世纪中叶的小金山湖心律寺

20 世纪中叶的莲性寺（法海寺）

20 世纪 20 年代的天宁寺大殿

20 世纪 30 年代的重宁寺大殿

20 世纪 30 年代维修中的莲性寺（法海寺）白塔

第二节　现代城市新人居生活形态的兴起
——民国扬州城市人居生活变奏

　　虽然古扬州的往昔风云逝去、繁华好景不再，却依然要被近代社会激进的潮流挟裹带进了人类文明的河道。由于时代未远，至今尚留有些许物质形态的片羽只屑，让我们得以见识、认知民国扬州新兴城市人居的建筑面目。

民国时期扬州老街

民国建造可旋转的新式桥梁通扬桥

20 世纪 20 年代的扬州汽车站

20 世纪 20 年代的扬州轿车

20 世纪 30 年代扬州由民居堂屋改作的邮局

两片半厂之一：解放前夕的扬州麦粉厂

第 8 章　悲情扬州居——民国老照片与文化名人游记中的扬州人居�途

20世纪30年代的扬州蚕桑练习所

民国时期扬州中学门景

◎现代公共图书馆的诞生

汤寅臣浒北先生著的《广陵私乘》上说："蒋一夔，字绍镟，原名彭龄，甘泉岁贡生。少年时不自检束，好狎邪游，几不能自保其鼻。然其为人好新学，勇于任事。方其为县视学时，创办华瀛公社，谋立地方高等小学堂，建设公园，筑图书馆，并筑桥以通行人。虽经费不必尽由己出，然能于晦盲否塞之际，力谋公益，以冀开通，不可谓非一时之人杰也。"陈懋森赐卿主编的《江都县新志》上也说他"光绪戊戌创匡时学会于扬州，与康有为、梁启超遥通声气。迨康梁势败，学会虽停顿，而兴学之志不少衰，扬州府中学及江甘小学，皆其提倡。平生以开通民智为己任，组设华瀛公社，搜罗中西图书，任人购阅，灌输新知识于民众，学者深资其益。又设私塾改良会，法政讲习所、江甘自治分所，建筑图书馆于旧城之墟，并酿资建筑公园，园在图书馆南，成绩斐然，资望益著，因充任甘泉劝学所所长，得遂提倡教育之夙愿。"于此可知如今的图书馆桥，乃因过去贴近图书馆而得名，而此桥与图书馆、公园等等均蒋先生所创修。——洪为法

◎现代"公园"的诞生

新志上说到蒋先生曾"醵资建筑公园,园在图书馆南",实只相去咫尺。当公园初落成时,记得还略具亭台之胜,可供游览。虽因其中茶社太多,被人讥为"公园茶社",可是那时内城河还能勉强行驶游船,游人可以由贴近图书馆桥的公园码头上船,从西水关出城去游瘦西湖。当游船在内城河行走,穿过一道道桥洞时,两岸绿荫掩映,沿河人家多有凭窗目送者,常会令人念及杜牧之诗:"春风十里扬州路,卷上珠帘总不如。"及至薄暮返城,穿过一道道桥洞时,月光照水,水波荡漾着树影、人影以及舟影,又常会令人念及杜牧之诗:"二十四桥明月夜,玉人何处教吹箫。"——洪为法

公共图书馆和公园建在小秦淮畔,跨河公园桥即因此得名

◎民国最豪华的现代旅馆

扬州国庆路旧称辕门桥街，街西侧有条东西长约二百米的新胜街，原名新盛街，又叫翠花街。民国初年以后，这条又短又窄的街道，又成了另一番繁华之地，南北两侧仅旅社、饭店就有十多家，每到夜晚，灯红酒绿，黄包车不绝于途。其中位于中段23号、坐南朝北的绿杨旅社，就是一家远近闻名的百年老号，被称为扬州的"国际饭店"。以它的地位和条件，绿杨旅舍成了现代众多名人来扬州的必住之所。

充满了现代广告意味的绿扬旅社开张告示
扬州绿扬旅社开幕

（一）地点——扬州新胜街；（二）房屋——五开间三层大洋楼；（三）饮食——特聘女厨师，专办大小中菜，并有美丽西餐各种细点；（四）起居——陈设优美，器具精良，四面凌空，非常安静；（五）优待——附设商店及女子浴室，以备客中之需；（六）价值——连被褥在内，自三角起，至三元止；（七）招待——十分周到，宾至如归；（八）喜庆——礼堂宽阔，设备美丽，喜庆婚嫁，最为合宜；（九）电气——电话、电灯、电风、电铃以及电炉，无所不备；（十）开幕——阴历二月二十一日，先行交易，三月初六日，正式开幕。电话第一百六十七号。

进了城去，果然只见到了些狭窄的街道和低矮的市廛，在一家新开的绿杨大旅社里住定之后，我的扬州好梦，已经醒了一半了。入睡之前，我原也去逛了一下街市，但是灯烛辉煌，歌喉宛转的太平景象，竟一点儿也没有。——郁达夫

民国十八年《扬州日报》刊登的绿杨旅社开业广告

民国时期扬州的国际饭店——绿杨旅社

第三节 旧时王谢堂前燕 飞入寻常百姓家
——民国扬州城市园林人居的功能迁移

民国扬州盐商群体的消失，社会经济的衰落，城市人居进入平民化时代。曾经以繁华奢侈等物质形态为核心的都会人居生活形态解体，亲近自然自由天性得以释放、回归，再现寻常、平淡、朴素、亲切的城市人居风俗。

20世纪40年代后期的天宁门水关城墙

◎不可或缺的生活构成

你是公务人员，每天下午五时下了办公时间以后，尽可从从容容雇一叶扁舟或坐车或走路游赏你心里所爱到之处，舒舒服服的回来！比如到平山堂，陆路：你可以出西门，过二十四桥，经司徒庙而至，你可以由北门外通路直趋而至；水路西、北门都可以，极其方便。交通工具有的是船、车和驴子、线车、人力车可以直达平山堂。你如果爱走路，随地的风景自然会来找你。实则水乡游玩当然以坐船为原则，瓜皮小艇荡漾闲愁，闲愁自然也会消失了！——易君左

20 世纪 30 年代瘦西湖小金山的游船码头

20 世纪前期仍旧流行的湖上休闲

20 世纪前半页典型的文人游湖情景

◎全民共享的普世价值

　　以现代社会人事之纷繁，要干的事太多，游历名山大川本来很难，一来要有仙骨，二来又受空间时间及经济条件的限制。每次出游事先要如何准备，要下一个大决心，还要看时局或是治安关系，所以常有志愿而不能遂。扬州的风景至少能减轻这种不可避的困难，能随时随地随人与你一种安息。你不必下决心，偶然心血来潮，或是三朋四友，你自然会溜到那边厢去了！你不必破费多少钱，清风明月而去，青山绿水而归，比什么还有价值！你不一定是诗人，你就是一个苦力，也可以畅快地欣赏大自然的美景。——易君左

　　所以扬州风景的唯一价值是平民的！就是无论什么人都可以赏玩扬州的风景，毫无拘束。你没有钱，可以步行，抽得闲暇可以到处钓鱼，

第 8 章　悲情扬州居——民国老照片与文化名人游记中的扬州人居旅途

179

所有名胜古迹都一律开放。何以能够如此呢？就是因为风景都在附郭一带，近得好，连贯得妙！——易君左

万松岭

平山幽径

第四节　清新　幽丽　柔和　纤细
—— 民国扬州城市人居景观的审美特色

　　天意怜芳草，山川自有情。近代扬州社会经济和城市地位迅速一落千丈，千秋以来积淀于其中的自然物态和人文积习却不会旦夕消失。慕名而来的文化名人们在痛切地感受着民国扬州城市人居生活严重衰落的同时，依然能够被扬州风景和风俗民情无与伦比的魅力所深深折服。他们在徘徊流连的同时发出由衷的不尽赞叹。

20 世纪 30、40 年代的扬州观音山

徐园与小金山

◎珠链串缀的景观构成

扬州则不然，他的风景有两种特质：一是连贯的，一是附近的。你出广储门、天宁门或北门，一直到平山堂，这沿途风景好象一根线上穿的一串珍珠，粒粒都圆润透亮，宝光四射！平山堂离城不过五里，在这短短的五里中间，随处都是各自不同的景致，使你留连不忍卒去！珍珠一串分开来是一粒一粒的，而这一粒一粒本身上都有价值，扬州的风景是连贯的，而分开来说，一处一处的风景一样的有价值。——易君左

20世纪30年代瘦西湖钓鱼台（民国杂志）

寺西半岛临水，有亭翼然，前作月门，左右方槅，游人未登亭，即见月洞门中，五亭桥掩映水上；左侧方窗中，白塔岿然天际；取景至妙，俨如图画，即此一亭，可见匠心之巧。吾国建筑师，布景取物，入画而兼有诗意，非胸有邱壑者，不克臻此也。——朱楔

◎八字囊括的景观特质

扬州的风景究竟是一种什么式样的模型？我先在这里说出八个字做代表：清新、幽丽、柔和、纤细。——易君左

从虹桥直到徐园的一道长堤上，象剪一般齐的绿杨象梳一般的密。

发表在 20 世纪前期杂志上的一组瘦西湖风景照片

20 世纪 40 年代的大虹桥

到了晴天，你可以从湖波中从虹桥的圆孔外窥见一行的垂杨的倒影，风姿如画！若在雨天，最好是小雨，那迷迷蒙蒙的烟絮，那雾里的惺忪，就俨然一幅美人春醉图画。雨后的宇宙象泪洗过一般的良心寂然幽静，雨后的泉石象珍珠一般的晶莹；尤其是雨霁微晴，一种清新的氛围气，

使你真有飘飘而欲仙之概。——易君左

从这里，我们又可以领略到扬州风景的幽丽情景，在夕阳斜晖中，在晚霞流丽中，在黯淡黄昏中，都可以领略幽丽的滋味。复庵兄游瘦西湖有两名句是："最是落霞残照里，杨花风送满船归。"我们试想在杨花柳絮飘舞如雪的满湖中，撑过一叶小船，回头远望彩霞的照耀与湖水的澄碧，映成一片似紫非红将青还绿的颜色，合碧琉璃朱珊瑚水晶玛瑙的精英画出一幅绝妙的山水横条；在这时，真有黄仲则"晚霞一抹影池塘，那有这般颜色做衣裳"之赞赏！——易君左

绿杨村湖面上悠游的游舫

1925 年的小金山

瘦西湖核心风景

扬州风景还有一个特质就是柔和。江北人的性格多强悍，而扬州人则很和平。扬州人虽在江北，早已江南化了！他自隋以来代表整个儿的江南民族性，说扬州是江北，真黑天冤枉！因人性的关系造成了景物的柔和，因景物的柔和陶铸了民族的性格。扬州人的长处与其他江南人有不同的地方，就在"柔而能和，萎而不靡"！风景可做人民生活的象征，也可做民族性格的征候。我们在扬州郊外闲步漫游，不能发现任何争斗的现象，好象都在一种幽默静穆的空气当中，什么事都满不在乎！我们在文艺字典中可以发现"柔橹轻篙"一类名词。这类名词唯有在扬州

184

可以幽幽地领略。当你躺在画舫中藤椅上，闭着眼睛凝神静听清波粼粼地流声，万籁俱寂，只有远远松涛的微响，这时是何等的柔美！你看那竹林深处隐约一座小亭，那亭上有一两个穿藕花衫子的女郎笑殷殷地吃樱桃，你疑心入了图画。杂花生树群莺乱飞的中间，点缀一些参差的楼阁，碧云中有苍鹰盘旋，闪翅斜阳中作黄金色，真爱死人！你坐在小桥头，仰观闲云，俯视静水，鱼群并不避人影，白鸥竞飞上佛头；隔岸垂钓者悠然自得，他半天钓不起一鱼不着急，你看他半天钓不起鱼也不着急，鱼自然更不着急，是何等的忘机！偶然午梦萧寺中，梦里听隐隐的钟声，起视则茅舍炊烟已袅袅而上，黄犬起来伸个懒腰，雄鸡拍拍彩翅振振精神，晚饭的时候到了！鸡犬亦神仙！——易君左

试出天宁门一望，那些水榭花房卖茶之处都是一派短短的栏杆，红红蓝蓝的油漆，倒影在苍翠的清波之中。纤细的意义不是小家，是聪秀，是精致。古人有一句诗："水晶帘下看梳头！"可以代表扬州的风景。——易君左

20世纪30年代的湖景一角

185

第五节 雅韵俗情共交织
—— 民国扬州城市人居文化的二元内涵

一张拍摄于上世纪 30 年代的五亭桥照片堪称美轮美奂

雅、俗二字，在中国文化中是一组极具意味的反义词，它从文化审美的范畴几乎囊括了二元评定法的全部精髓。尽管雅俗对举的意义原本在于强调二者之间不容混淆的鲜明的界限，而事实上，人们却又常常将二者同用并举，赋予了二者间一种只可意

会不可言说的奇妙的转换关系。即如大雅大俗成了人们用来赞赏事物到达了最高境界的一个褒美词汇。而雅俗共赏、雅情俗意、大俗大雅，正是扬州人居文化的一个鲜明属性。

到过扬州的人，都欢喜说扬州人俗；其实扬州人也不能说不雅，瞧，小如茶馆的招牌名字，起得也都十分隽雅：绿杨村，香影廊，念在嘴里，字字都像可以咬出浆来。——张慧剑

扬州之美，美在各种的名字，如绿杨村，廿四桥，杏花村舍，邗上农桑，尺五楼，一粟庵等；可是你若辛辛苦苦，寻到了这些最风雅也没有的名称的地方，也许只有一条断石，或半间泥房，或者简直连一条断石，半间泥房都没有的。——郁达夫

沿湖走去，岸旁有许多精致小巧的水阁，并且都标上了很清雅的名字，想来是热闹的时候给游人品茗的，可是现在却把门关上见不到一个人影了。许多风景中多半是人工砌成的，像"绿杨村"前几个房子，骨干用

20 世纪 30 年代的绿杨村

水泥制成，屋顶却是用草铺。我想设计造这房子的人也许算是他的别出心裁，可是天地间哪有这样惬意的事呢？他想及（集）今古中西之胜迹于一堂，可是叫旁人看来似乎有些勉强！——宣博熹

　　徐园为徐宝山的祠堂。园虽不大，但设计颇佳；花木楼台，假山奇石，很有与苏州留园者相似之处；陈设也很整洁。向湖的一面，有竹林一片，中有一亭，悬有"暮倚修竹，隔浦望人家"的对联，颇雅致。——舒新城

上世纪30年代梅岭春深

第9章

复兴扬州居——健笔柔情举城共绘的当代扬州人居画卷

千年人居史翻过了一页页或华丽璀璨夺目，或晦涩暗淡的章节，伴随着第二十个世纪之交的到来，这座曾经书写下太多的瑰丽传奇与悲情故事的人居名城，再次谱出了空前绝后的华丽交响。这是一部城、河、湖倾情合奏的名城之歌，承载着当代扬州人关于理想居

扬州新城一隅

地的完满定义：古雅宜赏，生态宜居，人文宜品，秀美宜游，活力宜业，在这片古老的人居热土上澎湃交响，铁板铜琶金声玉振黄钟大吕，丝竹牙板低吟浅唱疏影暗香。

扬州古城腹心

第一节 古城新都 珠耀璧合
—— 当代扬州城市人居格局

唐两城，宋三城、明清两城，历史上的扬州城自古就有着多城结构的传统。当代扬州城的规划建设，更是将这一传统继承发扬到极致，以5.09平方公里的古城保护区为核心，东西南北四向展开四座新城，呈现众星捧月式的五城相拥、珠联璧合的完美结构，形成了"向东文化内涵看古城街区、向北生态环境看蜀冈景区、向南经济实力看沿江地区、向西城市活力看新城西区"的城市新格局。实现了历史与现实的无缝对接，"古代文化与现代文明交相辉映"。

◎古就古的经典——古城保护与复兴

古城遗址藏珠埋玉

占地18.2平方公里的扬州古城遗址，是历史留给当代的一份宝

古城东关

贵遗产。它包括汉广陵城、六朝广陵城、隋江都城、唐扬州城、宋三城（大城、夹城、宝祐城）、元代扬州城、明清扬州城，承载着城市人居的深刻记忆，是重要的历史、文化信息载体，是承续和缔造当代城市人居新文化取之不尽、用之不竭的富矿源泉。

四大城门遗址公园

1984 年以来相继发掘的南门遗址广场、东门遗址广场、宋大城西门遗址博物馆及宋大城北门遗址公园，已经成为扬州古城遗址保护的亮点和独具魅力的城市景观。

东门遗址公园

西门遗址公园

南门遗址公园

北门遗址公园

古城人居古韵新香

以明清古城为主体的 5.09 平方公里老城区，是扬州历史文化名城的核心，积淀着扬州古老人居文化的精华和魅力，也是老城居民的真正家园。21 世纪以来，扬州启动了"可持续老城更新"项目，对古城街巷老民居在积极保护的基础上实施更新改造，护其貌、美其颜、扬其韵、铸其魂，使之既保持原汁原味又能充分满足现代人居需求，古韵新香，美善宜居。

双东历史街区的东圈门城楼与东关街市

◎新就新的现代——新城规划与建设

壮丽雄奇的城市人居空间布局

当代扬州城市规划以古城区为圆心，按照西进、东联、北拓、南下的方向加快推进城市新区建设，形成了东西南北四座新城环绕心腹古城众星捧月的大扬州都市格局，古城如明珠璀璨，新城是玉带束裹，珠联璧合，交织成瑰丽雄奇都市人居空间布局。

丽日霞晖中的西部新城鸟瞰

西部新城

南部临港新城

北部蜀冈新区

东部广陵新城

四会五达的城市道路交通

道路交通是城市的命脉。扬州自汉代起就是人烟稠密的繁华大

水上通衢扬州港

宁启铁路扬州站

纵横交织的城区道路

新近通航的扬州泰州机场

198

都，经历汉唐明清千年兴盛，当代扬州传承历史文脉，将道路交通的规划建设作为首务之重。建设现代都市密如蛛网，畅似流云的市内道路桥梁，与建设高速时代全方位辐射的城市对外交通齐头并进。时至今日，海陆空立体全面畅达的交通网路，不仅为市内交通运输及居民日常生活、工作提供了便利保障，而且顺利实现了扬州城市与外部世界的高效接轨，再现了这座历史文化名城"重关复江"、"四会五达"的盛世壮观。

四通八达的高速立交网

配套完善的城市公共建筑

公共设施，是现代城市人居的重要构成。当代扬州在规划打造现代人居新城的同时，尤其注重公共设施的建设。行政办公、商业金融业、文化娱乐设施、体育健身场所、医疗卫生、教育科研等城市公共配套建设全面跟进，星罗棋布，这些各具特色、标志鲜明的都市公共设施建筑群，不仅日益满足与延展着城市人居生活不断增长的需求和水平提升，而且成为扬州市标志性建筑和形象工程。

位于西部新城的商贸中心京华城

位于东部广陵新城的世界运河名城博览会永久会址

位于西部新城的扬州文化艺术中心

位于南部临港新城的扬子津科教园

位于西部新城的体育公园

位于北部蜀冈新区的鉴真图书馆

瑰丽多姿的城市住宅区

古代分群聚居的里坊传统，在当代通过市场的杠杆，演化升华为都市不同人群自愿集聚的形形色色的住宅小区，这些具有各不相同的建筑样式、风格、规模，聚居着不同阶层、爱好的人群，梭织出不同生活场景的住宅片区，成为今日绿杨城郭多姿多彩、万象缤纷的动人风景。

都市丛林

第二节　生态画卷　美不胜收
——当代扬州城市人居环境

从历史上扬州人居以分散个体为单位的、偶然机缘的对于环境景观的缔造，到今天群体自觉的、公共性的、有整体和长远规划的对于景观环境的大规模营建，构成了当代扬州城市人居环境建设的雄浑乐章。

◎北部美境：蜀冈—瘦西湖风景名胜区

总面积 12.23 平方公里的蜀冈—瘦西湖风景名胜区，由绿杨村风景区、瘦西湖风景区、笔架山风景区、唐子城风景区、蜀冈风景区等五个景区组成，拥有重要历史文化遗迹和扬州园林特色，1988

生态名区瘦西湖风华绝代系结古今

年8月被国务院定为国家第二批重点风景名胜区。进入新世纪以来，扬州做出建设瘦西湖新区城建方略，要将蜀冈—瘦西湖风景名胜区打造成为"国内一流、国际知名，融人文、生态、休闲于一体"的著名旅游景区。

◎东部美境：古运河景观工程

古运河是扬州成长的摇篮和文化的源泉，孕育、缔造并见证了千秋扬州城的崛起、繁荣与变迁。今天的古运河，在扬州城区仍留有约30公里的蜿蜒河道，古城古河，环抱相依，沿岸自然风光绮丽多姿，亭台楼榭参差入画，名胜古迹星罗棋布，人文景观精美绝伦。成为运河名城扬州观光旅游的"水上胜境"和"休闲外滩"。

占地一千多亩的万花园已经成为扬州园林文化的渊薮和象征

当代扬州全面复兴千秋水城的独特魅力，相继恢复开放了瘦西湖乾隆皇帝水上游览线水、荷花池——二道河绿杨城郭水上游及环扬州东南半城的古运河水上游，三条水路完美对接，实现了城内城外、河湖一体的全方位水上环游休闲观光线路。

千秋福水古运河

◎西部美境：新城明月湖中央公园景观绿地

城市景观绿化成为新城人居最重要组成部分。西部新城规划建成景观绿地120多万平方米，加上占地近500亩的明月湖、赵家支沟中央水景公园以及沿山河景观带，以现代造园理念和手法充分诠释了"绿杨城郭是扬州"的城市文脉。

明月湖畔占地120万平方米的中央公园绿地

新城明珠明月湖

◎南部美境：春江花月醉千秋

濒临长江的南部新城，将是未
来扬州最具生态魅力的环境美地，
为人居扬州展现出大唐诗人张若虚
冠盖全唐的诗歌名篇《春江花月夜》
的绝妙意境。

占地面积 1600 亩的润扬森林公园

第三节　各得其所　宜居乐居
——当代扬州城市人居建筑

扬州城市人居住宅建设经过上世纪漫长的颓败、停滞期后，以
喷薄之势除旧布新，发展迅速。进入 21 世纪以来，更是迈向了日益
成熟与全面完善期，集绿色生态和现代科技为一体的住宅模式的全
面铺开，不同层次、不同风格、不同功能的形形色色的新住宅小区
层出不穷，开启了当代扬州城市人居建筑的宜居、乐居时代。2006
年 10 月，扬州市荣获"联合国人居奖"，联合国副秘书长安娜女士说，
扬州在人居建设方面所取得的成就非同寻常，经验和做法具有世界
性的示范意义。

◎崛起的高层，效率时代的空中楼阁

古代诗人喜欢用"危楼摘星"、"飞阁流丹"、"琼楼玉宇"这
样充满了仙街气息的美丽词汇来描摹、咏叹当时扬州的楼宇建筑之高。
而现在看来，即便是隋炀帝的归雁宫、贾似道的摘星楼，都不可与当
今扬州任何一座小高层比。但或许正是生活在这座城市里的人们那种
对于建高楼、住高楼的一份永不停歇的炽热愿望，才鼓励激发出当代
扬州新城人居住宅朝向高空发展的蓬勃势头和壮观气象罢。

205

追寻高高在上的感觉

◎林立的墅园，诗意栖居的全面演绎

别墅的"墅"是一个会意字，一望可知意思指的就是建于野外的房子，而"别"则指的是另外的房子，即日常居宅之外的另一处居所。这样的房子除了"居住"这个住宅的基本功能以外，更主要体现生活品质及享用特点，是用来享受生活的高级居所，一种带有诗意的住宅，它代表着人类的某种理想。在中国的传统建筑中，别墅多数表现为私家园林。这样的高级住所，在别的地方可能是极其稀少，但在历史上商贾云集、流金泻银的人居名城扬州，却几度成为城市人居住宅的大宗，都市流行的时尚。在人们纷纷将追求更加高尚的居住格调与生活品质，将逃离嘈杂的都市喧嚣、回归纯朴自然的别墅生活作为居住理想和奋斗目标的当今扬州，借助深厚博富的传统的魔力，别墅住宅不仅再度风生水起应运而生，而且遍地开花蔚为大观。

扬州天下

淮左郡

唐郡

海德公园

莱茵小镇

扬州画舫

西郊花园

豪帝坊

第 9 章 复兴扬州居——健笔柔情举城共绘的当代扬州人居画卷

207

◎复兴的老居：情感记忆的美好载体

深藏在老城古街幽巷中的旧民居，可以说曾经系结着这座城市绝大多数居民的成长记忆和亲情追怀。辗转于繁华喧嚣的现代都市红尘的人，常常会莫名地生出一种对于旧宅老院度过岁月的记忆与怀想，那是一种渗透到骨子里、血液中的深切情愫和绵长回味。于是，在形形色色的新建住宅日益务求新好的同时，各种各样的老房子也成为二手房市场最热门的抢手货，而改造回归老城人居，更是成为令人羡慕和向往的极品时尚。

东圈门三祝庵邻里中心

老巷子新面目

新仓巷里的岭南会馆

第四节　千姿百态　流光溢彩
——当代扬州城市的人居文化

历史上的扬州虽然是一座闻名遐迩的人居名城，但对于各时代人居盛况的专门记载甚少。除了唐人的诗词咏叹外，就只有清代李斗的一部《扬州画舫录》。当代扬州不仅是一个人居建设的巅峰时代，更是一个人居文化的自觉时代，扬州文化界开始有意识地系统、全面展开城市人居历史、现象的文化溯源和学术探讨，由此产生并留下大量前所未有的学术艺术资料文献，无论是对于扬州城市人居历史的梳理、认知及传播，还是对于当代乃至未来扬州新人居的规划建设，都具有重要意义。

◎历史文化名城解读工程

2004 年启动的"历史文化名城解读工程"，采用文字说明、景观恢复、仿建、环境整治协调等方法，对古城区内的文保单位、重要人文景物、名人故居、名店名宅、古井古木、重要街巷等人居建筑名胜的历史渊源、文化特色和审美价值进行全面解读，充分挖掘和全面展示了扬州古城人居文化内涵与丰厚底蕴。当代扬州通过出版专著、办刊及举办各种人居专题学术研讨活动，深入持久地展开了对于扬州古今人居文化的全方位的关注与传播，并取得了丰富成果。

名城解读工程

◎《古韵新姿扬州居》

著名英国诗人阅读《古韵新姿扬州居》

2011 年，扬州房管部门组织地方文化界专家，撰写编辑出版了大型图书《古韵新姿扬州居》。该书内容由古城居、古民居、新城居、新楼居、新安居五大部分组成，成为一部全面聚焦古今扬州的人居文化，荟萃宜居扬州成果的厚重宝典，具有重要的史料价值和现实意义。

《扬州画舫录》与扬州古典园林建筑及扬州人居文化论坛

幸福生存、诗意栖居，是古今扬州人孜孜不倦追求的人居理想，是园林名城扬州传承千年、生生不息的文脉，更是当今扬州城市建设的核心命题。2007 年 10 月 4 日，在扬州荣获"联合国人居奖"一周年纪念日，也是《扬州画舫录》作者李斗逝世 190 周年纪念日，扬州媒体、扬州园林古建界和地产界联手举办"《扬州画舫录》与扬州古典园林建筑及扬州人居文化论坛"，意在通过深入发掘研讨《扬州画舫录》这座地方文史宝库，从扬州明清住宅园林和古典建筑精华中汲取丰富营养，来构建独具特色和最具魅力的当代扬州人居新文化，把 21 世纪的扬州打造成为一座具有深厚文化内涵和鲜明个性风采的最宜人居城市。

第10章

美善扬州居
——浓缩中国人居文化精华的扬州人居观

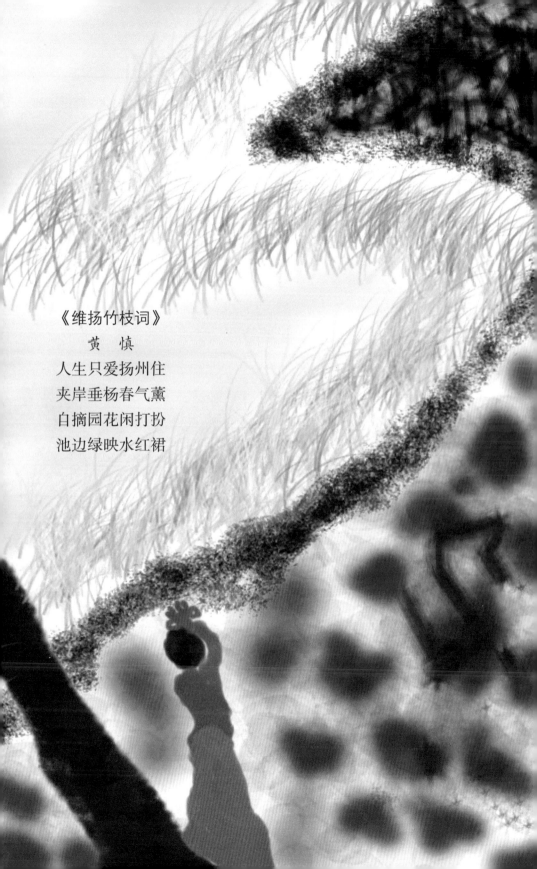

《维扬竹枝词》

黄　慎

人生只爱扬州住

夹岸垂杨春气薰

白摘园花闲打扮

池边绿映水红裙

前文我们用广角扫描、粗墨写意的方式，浮光掠影、挂一漏万地对各个历史朝代的扬州城市人居面目及特点回顾探索了一遍：从汉广陵城，到 21 世纪的扬州新城；从人居文化的自觉滥觞，到形成气象万千的洋洋大观；从华彩崛起的锦绣东南，到成为当代不可多得的"联合国人居奖"城市，虽然时间跨越千年，世道更迭无数，但贯穿于其中的那股精神源流和文化根脉，不但始终未泯、未变，而且每经一个朝代，都会被加入新的鲜活音符，协奏出更为雄浑的强音，演绎出更为绚丽的华彩。以至于我们只要说到中国的人居文化，只要列举中国人居文化最动人的精华，就不能不以扬州人居为佐证，为样本，为融古涵今、传承有序的经典代表。

春风画图

第一节　介入自然　改造环境　利养护生
——扬州人居文化中的宜居观

趋利避害是有生命物种的本能，"宜居"是人类居住文化中共同秉持的首要概念，安土重迁的炎黄民族更是强调择地而居，择人而处。但扬州人的宜居观念行为却不仅仅体现在对于自然环境的选择上，而是更多出一层介入自然、利导环境，"制天命而用之"的主观能动性和创造性来，实现了不仅可居宜居而且利养护生的人居理想。

江淮生息

◎城：城于邗，沟通江淮

世界上大多数城镇的形成，往往是由少数人的最先择居，继而发展到多数人的相继聚居，最后演变成为人烟繁密的城镇。而扬州的城建史则正好相反，走过了一条先造城而后居民的道路，这座城市存亡兴衰的命运，首先取决于造城者的智慧和眼光。

"泆迤平原，南驰苍梧涨海，北走紫塞雁门。柂以漕渠，轴以昆岗。重江复关之陕，四会五达之庄"。春秋吴王夫差凭借高势绵延的蜀冈筑邗城、依托湖泊密布的江淮平原开邗沟，建造了"重江复关之陕，四会五达之庄"的第一座扬州城，与此同时，也开创了介入自然、改造环境、利养护生的营居理念，为缔造宜居扬州奠定了利在千秋的优质基础，为扬州人居文化肇开了非同凡响的独特先声。紧接着，汉吴王刘濞一脉相承，"摹货盐田，铲利铜山"，"划崇墉，刳浚血"，顺时利导将春秋扬州的军事之城转化为雄踞东南的财富之城、护生之城，结果以"车挂辖，人架肩，廛閈扑地，歌吹沸天"的繁荣盛况，佐证了两位吴王秉执的构造宜居城市理念及实践的惊人成就和神奇能量。

扬州城自问世以来，历经盛衰，几度兴废，两千多年来却从未改变过城址，而只是在废墟故垒上层层叠加，形成通史式的古城遗址地下考古层，足以证明它所具有的最宜人居特性，为历朝历代人们所认可，所抉择。

城之魅

清代盐商园林

第二江南园林人居"水村"庭园

◎居：园林多是宅

从春秋两汉王侯将相主持建造的公共宜居之城，到唐以后历朝历代城市居民们自己构筑的私家宜居之宅，介入自然、改造环境、利养护生的宜居观引领扬州城市人居建设发展演变，不断创造出超越同代、惊艳后人的精彩篇章。"园林多是宅"，便是其中最了不起的创举。

　　自秦汉以来就生活在"格高五岳，衮广三坟，崒若断岸，矗似长云"的王国都城里，过着"车挂辖，人架肩，廛闬扑地，歌吹沸天"生活的人们，从某天开始，突然出现了第一个不满于被城市的高墙长街隔断了大地田园的人，突发奇想地在自己的住宅中辟建了一座小园林，他的行为可能带有浓厚个人色彩的偶然性，但也许时隔不久，他的行为却被另一个人看见并仿效甚至超越了，后者干脆把住宅整个儿建成一座大园林。于是，在盛唐一代，整座扬州城的绝大多数人都把住宅建成了园林，兴起一股园林化居住的时代潮流，呈现出"园林多是宅"的城市人居盛况大观。生活在 21 世纪的我们所倡导的生态居住，其实早在一千多年前，就已经成为扬州城市人居的主导理念和成功实践，想想多么令人不可思议！当代表着财富、安全、物质文明和享乐主义的城市生长还处在文明发展的上升主流时，扬州城市居民却已经警觉、发现，并尝试抵制城居生活的将人与自然隔离的弊端，运用介入改造式的宜居理念，再造利养护生的第二自然环境，既可享受城市发展带来的诸多利好，又成功实现了生态居住的圆满回归。

春流画舫

◎行：车马少于船

扬州城市人居的自然生态环境，从一开始就打上人工介入的第二自然的烙印，建宅起屋生态居住的园林环境是人工孕育出来的，城市的水系一样是人工挖出来的。归根结底，城市人居所要解决的不外乎"住"与"行"两大课题。针对城市把人与自然隔离开来的弊端，扬州人创造了园林化居住系统，实现了利养护生的居住理想；针对水上行船在速度、便利性和舒适度方面都远胜于陆地车马的古代交通条件，扬州人更是早早地将自己所居的城市挖成了一座享有四通八达的水上路网的水城，凭借"车马少于船"的人造河渠水系，充分满足了城市居民无往而不达、无往而不便、无往而不利的出行需求。

船系柳荫待客来

第二节 以美为尚 唯美是求 四时充美
—— 扬州人居文化中的美居观

美的经营宏观微著

扬州人居对于审美特性的注重，伴随着扬州城的诞生和扬州人居建筑的滥觞，与扬州人居文化的历史一样久远和丰富。南朝鲍照留下的传世名篇《芜城赋》，以至美文笔勾勒再现了曾经造就和充盈于汉广陵城里里外外上上下下的无所不在的美："藻扃黼帐，歌堂舞阁之基，璇渊碧树，弋林钓渚之馆"；隋炀帝的御苑迷楼江都十宫，其审美的意义更是远大于实用的功能，以致为此背负了穷奢侈靡、荒淫无度的千秋骂名。江淮风水宝地，山川钟灵毓秀，这里的人们似乎天生就具有一种对于宇宙间美好物象的敏感和热爱。知美懂美，爱美惜美，以美为尚，唯美是求，想尽种种办法，琢磨种种机巧，务必将生活营造得四时充美，悦目赏心。

◎借景之美：借自然万象，成人居大观

善于通过借景营造人工人力所难以企及的气象阔大壮美境界。天地山川日月星云，无所不在的自然万象，宏观微著，都被自然而然不留痕迹地纳入扬州人居的建筑环境审美视野中。

张若虚（约660—约720），唐代扬州人，也是著名诗人，与贺知章、张旭、包融齐名，并称"吴中四士"。虽然他的诗在波澜壮阔的唐诗宝库中仅存两首，但其中《春江花月夜》一篇，却有"孤篇盖全唐"之誉。这首诗清新自然，不事雕饰，以清丽婉约的唯美情调，反复咏叹的隽永情味，抒写了江流、月色、白云、江树、花林、芳甸、闲潭、青枫浦、明月楼、扁舟子、鸿雁长飞、鱼龙潜跃等天地自然万象，渲染成绝美无敌的春江月夜，抒发着借由美景所引发的人间幽眇深邃的哲学之问和相思离别的凄美情怀。除此之外，这首诗还有一个独特而重要的意义，那就是真实再现了张若虚所生长于其间的家乡——扬州城外曲江和扬子津一带的景观环境。

《春江花月夜》所表现的，正是唐代扬州城市建设借景造境的经典大法，到了宋代欧阳修做扬州太守时所建造的平山堂，则是扬州人居建筑借景成境的又一绝妙佳作，它利用了借江南山色成景造境的手法，将一座建造在山顶上的无可称道的孤立建筑，变成了一处"晓起凭栏六代青山都到眼，晚来对酒二分明月正当头"的胜境美地。

扬州人居的借景成境艺术发展到后来，越发炉火纯青，成就卓著，出现了像瘦西湖钓鱼台、

借景经典——瘦西湖古钓鱼台

何园复道回廊什锦花窗等精妙绝伦的借景作品。此法广为习效,影响深远。

◎造景之美: 或脱胎换骨 或画龙点睛

借景成境手法在古代扬州的城市人居建设中被应用并发挥到极致,自然景观往往受到诸多条件限制而各有边际, 但人们对于美的渴望和追求却没有止境,于是由借景成境到造景生境,成为扬州城市人居美居理念发展的必然途径。

造景生境观念的盛行, 为扬州城市人居带来了脱胎换骨的变化,将这座豪商巨贾盘踞、酒色财气冲天、 "夜市千灯照碧云,高楼红袖客纷纷" 的喧嚣都城,变成了一座 "两堤花柳全依水,一路楼台直到山"、"十里扬州画不如"、 "风月总奇观" 的 "绿杨城郭是扬州"。

小盘谷九狮山的叠石造景　　汪氏小苑火巷的建筑造景　　万花园的花木造景

◎入景之美: 人景合一　推波助澜

不管是借景成境, 还是造景生境,都只是扬州人居环境景观的生成存在,事实上,作为审美客体的景观环境,只有在被审美主体所感知、认可、共振共鸣的情况下, 才具有真正的美学意义。天生具有的独特高敏的感知神经和审美嗅觉,让扬州人很容易就做到了入景入境,这种审美主客体之间的融合, 让生活在美的景境中的人自身也成为一道美的风景,成为美的丰富者和升华者。

何园：美居要素无所不在

　　有了这种融合以及融合后的独特体验，才会出现"夕阳斜照桃花渡，柳絮飞来片片红"这样的奇异变境，才会有"花发路香，莺啼人起"、"自摘园花闲打扮，池边绿映水红裙"这样的活色生香的旖旎化境。即使是从建筑景观上看来并无什么特别的瘦西湖红桥，在王渔洋眼中却"如垂虹下饮于涧，又如丽人靓妆祛服，流照明镜中"；几种不同质料的石头，竟被个园的营造者给塑成了各有千秋的四季山景。主客一体，人景合一，推波助澜，高潮迭起，由此将扬州人居的美学追求推演到极致。

美居

美行

美游

美娱

第三节　人文美质　诗意内涵　风雅到骨
—— 扬州人居文化中的雅居观

雅，在中国传统文化中是一个非常特别的概念。作为名词，它是诗经六艺之一，代表着正确、合乎规范的儒家经典之学和道德文章；作为形容词，它与以俗为标的的低端社会人群行为相对立，代表着高高在上的境界和非常人可企及的美好。正因为雅代表着文化、修养、才情、品位的不俗不凡，历史上以财富名世的扬州人，举财富之力而倾情追逐文化建树，扬州人居理念中，更是把对于雅的追求，放置到一个无与伦比的高度。

◎室雅何须大，花香不在多

著名的扬州八怪之一画家郑板桥书写的一副著名对联："室雅何须大，花香不在多。"这副对联深得扬州人家喜爱，经常可在老城居民家里看到被不同书家演绎。这副对联之所以被扬州人钟爱，因为它传递并阐释了扬州人居文化中的一个重要概念和当家精神：雅。无论贫富困达，扬州人的全部家居生活和社会人家交往，无不或深或浅、或隐或显地浸泡在这个"雅"字酿造的文化氛围里。

墨韵天香

◎堂上无字画 不是旧人家

雅的突出表现是"堂上无字画，不是旧人家"。旧人家，指的是有身份地位和文化根脉的世家。它道出了两层含义：一层讲的是扬州人居中大多数都是有身份、有名望、有历史渊源的世家；另一层意思指的即便是生活在这座城市里的贫民，也都被大家族们的书香诗礼所陶冶和熏染，变得风雅起来了。事实上，只要我们走入今日扬州老街深巷中的任何一扇门扉，都能立马找到这句老扬州口头禅真实贴切的印证。以雅为尚，雅到骨髓，已经成为扬州人家居生活根深蒂固的文化传统。

隅

家风

◎史公祠里看楹联

在中国传统人居理念中，一座完美的住宅不只是屋宇，宫殿，亭台楼阁，山水林花，而且还是一种人格理想、一种情致兴趣、一种生活态度的表达、寄予和抒发，由此促生了中国古典人居建筑注重题名以及与其相关的匾联艺术。这种匾联艺术，以画龙点睛之功，将一座城市人居的美学理想和价值取向发挥表达得淋漓尽致，以至于今天我们走进扬州

的任何一座古老宅园，不仅能强
烈感受到那种充盈流荡于其间的
人文美质和诗意内涵，而且宛如
走进了生活在这里的人们的内心
世界，了然领悟他们所思所想所
爱所好所取所舍的是什么，并由
此深入到这座城市包裹在审美外
衣下的文化质地与精神内核。

楹联点题蜀冈草堂

书香洋溢丛书楼

静香书屋船舫

◎渔家小婢解吟诗

　　扬州人居的雅，除了丰沛充盈地毕现于人居环境的营造上之外，
更将一种发自内心、全力以赴的生命自觉和情感需求诉诸到雅的最高形
式——诗的创造与表达上。历来被人们视为文学中的极品、大雅之中大
雅的诗，在扬州却成为人人必备的修养。"渔家小婢解吟诗"、"商翁

旧时遍布扬州的刻书坊

大半学诗翁"、"扬州满地是诗人"、"六一堂前车马路，两两三三说词赋"。《扬州竹枝词》中这样的吟咏比比皆是。相传民国年间扬州有个老丐，专在瘦西湖一带向游人乞讨，他每天站在桥头上，为过往的船只和行人高声吟诗，之后用一根竹竿系一布袋接受施舍，成为当时一景。无所不在的诗意酿造和浸润，不仅让扬州成为一座古今闻名的诗国名都，而且铸成扬州城市人居最具魅力的风雅品格。

发生在清代扬州瘦西湖景区的"虹桥修禊"诗坛雅集活动，一度吸引了 7000 诗人唱和，诗作编为三百多卷，成为扬州乃至中国文化史上最为著名的风雅盛举，一次中国乃至世界诗坛罕见的繁星争曜的群体亮相。扬州"虹桥修禊"由此成为古今诗人交流诗歌创作、追求诗意人生、营造诗性生活的经典范式。这一优良传统余波遗响不断，直至近代民国间，仍有著名的以柳亚子、陈去病为首的上海南社和扬州冶春后社的诗人雅集活动薪火相传，影响广远。

2011 年秋冬之际，瘦西湖景区成功举办了"国际诗人 2011 蜀冈—瘦西湖雅集虹桥修禊"活动。应邀前来的国际国内著名诗人，无不为扬州诗意氛围所感染，诗兴大发，中外诗人分头对清代诗人汪沆吟咏扬州瘦西湖的名篇《红桥秋禊词》进行唱和、翻译，并且还用不同语言作了激情洋溢的吟诵交流。此次国际诗人 2011 蜀冈—瘦西湖雅集，不仅是一次当代诗人群体尝试复兴、继承诗城扬州风雅传统，自觉模仿、创作、吟诵、交流旧体诗歌的前所未有的特别尝试，还是一次古典与现代、国内与国际诗歌研读创作翻译交流的极具开创意义的特别实践。

2013 首届国际诗人瘦西湖虹桥修禊曲水流觞

◎花前花后皆人家

盘点扬州人居的雅，同样离不开它的亘古花史和缤纷花事。古往今来，只要来到扬州的人们，没有谁不承认这是一座对花抱有痴迷情结的城市，将栽花当种田，以看花为狂欢。扬州人种花、赏花、卖花、簪花、懂花、惜花，大大小小、形形色色的花园、花局、花市、花会、花景、花居遍布城里城外、盈溢四时八节。一代风雅名城的盛世花居情景，更是被鲜亮完整地保留在清代诗人的咏叹扬州的诗作中，"十里栽花算种田"，"家家种花如桑麻"，"万紫千红芍药田"等等。品读它们，就像品赏一幅涵养儒雅的诗画长卷，活色生香，情韵隽永。对于花的酷爱和需求，已经成为根植于这座城市沃土中的不可或缺的生活方式和精神依托，不离不弃，代代沿袭，倾情酿造着芬芳甜美的花国人居。

十里栽花算种田

邗江路行道花圃

花鸟市场一角

◎开卷人都作卧游

条分缕析扬州人居的雅，犹如蜘蛛网一般密密交织，延伸到城市的各个方面，但觉无所不在，难断难分。说到底，它既不单单是甲，也不

悠游桃花浪

单单是乙，而是一种臻于艺术和生活水乳交融的境界。这一境界，可从扬州诗人的自诩画像"开卷人都作卧游"中参品玩味。

人们大都喜欢情不自禁地把扬州比做一幅画，一首诗。而实际上这座诗国画城的人居美景和诗意栖居的万千情绪，终究还是让人感觉到"十里扬州画不如"，"纸上吟来终觉浅"。

那么，用什么来形容古往今来扬州城市人居所独有的这种艺术化的人生，或者说生活化的艺术呢？最好的答案是由这座城市自己提供的，那就是：画舫。对于一城春水半城花的扬州人家来说，生活既是一门船的艺术，船的艺术更是一种生活。人们可以"十里湖光月满船，两桨如飞静不哗"，也可以"约伴乘船去泛春，画舫如云竞往还"，还可以"醉后女郎玩月花，船梢倒挂小儿童"，可以"船住柳阴齐煮蟹，大家清赏菊花天"，人们更可以将自己浸润于红楼、茶肆、酒家，舟子船娘的桨声笑语，乞讨诗丐的铿锵吟诵之间，闲适地流眄着街头巷尾的飘忽出没着轻盈的水红裙，惬意地沐浴着空气中荡漾着潋滟春光和溶溶氤氲……良辰美景、赏心乐事，偌人一座城市，都交付给了天地水云间一只小小画舫。

所以，倘若给古今人居扬州找一个形象代言，那就是一艘悠游于湖山胜境中的画舫，一只逶迤在杨柳萍花间的轻舟，载着千秋名城的美轮美奂，轻悠悠飘，乐滋滋荡地作着卧游，梭织着绿杨荫里的闲情岁月。这情景，正如易君左先生在《闲话扬州》中所描摹："当你躺在画舫中藤椅上，闭着眼睛凝神静听清波粼粼的流声，万籁俱寂，只有远远松涛的微响，这时是何等的柔美！你看那竹林深处隐约一座小亭，那亭上有一两个穿藕花衫子的女郎笑殷殷地吃樱桃，你疑心入了图画。杂花生树群莺乱飞的中间，点缀一些参差的楼阁，碧云中有苍鹰盘旋，闪翅斜阳中作黄金色，真爱死人！"

四时佳日

第四节 贫富咸备 尊卑共识 举城同好
—— 扬州人居文化中的乐居观

    画舫上卧游的人居扬州，永远都在不疾不徐而又无厌无倦地发明与研磨着利养护生的享乐之道，由此独创且成就了众多古今闻名遐迩的城

市乐居生活品牌：美景、美食、美沐、美女、美居、美游。正如隋炀帝杨广在《江都宫乐歌》中所咏叹的："扬州旧处可淹留，台榭高明复好游。风亭芳树迎早夏，长皋麦陇送余秋。渌潭桂楫浮青雀，果下金鞍跃紫骝。绿筋素蚁流霞饮，长袖清歌乐戏州。"

◎烟花三月下扬州

扬州美景之甲天下，早在一千多年前就吸引着大唐诗坛见多识广眼光挑剔的一代名公巨擘心驰神往地"烟花三月下扬州"（李白）、"老夫乘兴欲东游"（杜甫）、"十年一觉扬州梦"（杜牧）。到了清朝，康熙、乾隆祖孙两代盛世明君也都对扬州美景情有独钟。康熙六下江南，来回都在扬州"聊尔翠华停"，停下来干什么？即便是视察民情，也一定少不了流连光景。正如他自己在《幸静慧园》诗中所道白的："红栏桥转白蘋湾，叠石参差积翠间。画舸分流帘下水，秋花倒影镜中山。风微鹧鸟归云近，日落青霄舞鹤还。乘兴欲成兰沼咏，偶从机务得余闲。"后来，乾隆皇帝也效仿，六下江南，更是一次次在扬州流连忘返，泛舟湖上、品题园林，弄得风生水起，留下圣迹无数。

烟花三月下扬州

三月烟柳醉春风

◎玉脍金齑不空口

扬州坐镇江淮，地兼南北，滨江临海，占尽物产之丰、鱼盐之利。它依托运河，枢纽南北交通，悠悠一千多年，历经汉唐明清，富甲东南，华被四海。所谓天下宝货无不从扬州过，人间乐事无不至扬州寻。得天独厚的自然环境，独一无二的人文土壤，为扬州饮食文明的滋生和发展，

茶道

富春冬颐宴

提供了源源不断的活力源泉和经久不衰的蓬勃生机，孕育出一方吃的嗜好、吃的习俗，缔造了一门吃的艺术、一道吃的风景。

汉代文学家枚乘在他的辞赋名篇《七发》里，着力描写了形形色色"天下之至美"的楚国家宴；唐代诗人罗隐《江都》诗中描写出席淮王宫筵情景，"淮王高宴动江都，曾忆狂生亦坐隅"；宋代大文学家司马光《送杨秘丞秉通判扬州》诗再现了扬州的市井的饮食人观，"万商口落船交尾，一市春风酒并垆"；元代诗人陈秀民《扬州》诗中描写官宴排场，"华省不时开饮宴，有司排日送官羊"。到了明清时期，扬州已经成为举世公认的东南美食中心。正如陆求可《千秋岁引维扬怀古》中所咏叹的"罗绮满楼歌方奏，玉脍金齑不空口"。食境、食风、食家、食俗，将扬州铺陈成一席坐花戴月、千年不散的豪宴华筵，一方逞心快意、口角噙香的生命旅程。

毋庸置疑，只有在这样的人居扬州，才有可能诞生中国食文化大观园中的奇葩——淮扬菜。享有"东南第一佳味，天下之至美"之美誉的淮扬菜，与鲁菜、川菜、粤菜并称为中国四大菜系。它选料严谨、因材施艺；制作精细、风格雅丽；追求本味、清鲜平和，是追求宜居、美居、雅居、乐居的扬州人居文化冶炼出的精品，而且与追求绿色、健康的现代饮食风尚相吻合。

时至今日，"吃在扬州"已经成为一句门门相传、流传广远的标语，一个涵盖古今的共识，吸引着四方各地人们来到这座天然人间食府和美食王国，享受铺天盖地的美食的芬芳。2001年，扬州被中国烹饪协会正式命名为"淮扬菜之乡"。

◎通泗泉通院大街

沐浴之乐

沐浴是人类文明苏醒的标志之一。扬州沐浴历史悠久，迄今发现的最早的专用洗澡间，就出自扬州汉广陵王刘胥的陵寝。在全国首例出土的帝王级"黄肠题凑"高规制木椁里，专设有一个长3米、宽3米、高4.5米的"L"形的洗沐间。沐浴间里还配置着一组洗沐用具：双耳铜壶、浮石、木屐、铜灯以及凳面中间留有下水孔的圆漆浴凳和工艺考究的硕大铜浴盆。清代扬州经济达到鼎盛期，市井繁华，百业兴旺，俗称混堂的浴室不但遍布城内外，而且设施完善、服务周到。李斗在《扬州画舫录》中，详细勾勒了扬州沐浴业的空前盛况，诸多文人雅士也用俗歌俚调对混堂作了描摹吟咏："扬州好，沐浴有跟池。扶掖随身人作杖，摩挲遍体客忘疲，百茗沁心脾。"

这些传神文字，编织出一幅沐浴天堂的旖旎风景。康熙皇帝南巡到扬州，也对扬州沐浴发生了浓厚兴趣，亲尝汤沐，留恋不已，而将其他的事都搁在了一边。当时在扬州地区负责疏浚河道的孔尚任亦参加接驾活动，并以"驾转扬州，休沐竟日"为题写诗记载了这件事。

在扬州，虽然沐浴有着"水包皮"的粗俗名称，但它却是人们心目中的快乐天堂。而撑起这座恢弘天堂的杜石，依然是人居扬州的乐居观。它通过文明这只神奇的手，将一种低级原始的简单享受，演变成富丽堂皇的沐浴文化和尊贵高妙的时尚休闲。

◎湖山佳话要美人

"扬州自古出美女"是一段真实的历史，也是人居扬州的一个值得自豪与珍视的历史机缘。历史上的扬州历汉唐明清几度，擅交通之利，执经济牛耳，文化昌盛，市井繁华。四海之内的达官显要、行商坐贾、墨客骚人云集而来，歌台舞榭鳞次栉比，秦楼楚馆笙歌不息，锦衣玉食奢华无度。这一切吸引着八方各路的艺界精英、青楼名艳趋之若鹜，源源不断到扬州来讨生活，形成美女如云的集聚效应。历史上许多名动一时的多才多艺绝代佳人，都和扬州发生过或深或浅的关系，像唐代参军戏名伶、女诗人刘采春，宋江南名妓齐雅秀，元代戏曲名伶朱帘秀，她们使扬州美女的声名叫得更响亮，传播得更遐远。

扬州美女是一个多姿多彩的群体，或天工，或人意；可浓妆，可淡抹；集容貌、态度、修养、技艺为一身，聚仙气、灵气、巧气、爽气于一体。她们不是可望而不可即的瑶池仙姑、高高在上的冰雪皇后，而是善解人意的情色精灵、可亲可爱的尘世尤物。色艺双佳，秀外慧中，风情万种，雅俗共赏。春风十里扬州路上，吸引、汇聚了历朝历代文苑诗坛上的精英人物前来观光逗留，他们徘徊于斯，钟情于斯，沉迷于斯，咏叹于斯，留下无数脍炙人口的千秋歌诗洒落在竹西佳处。可以这样说，古老扬州若没有这些美女，没有她们真情率性营造出的春秋良宵、夜市千灯、十里妖娆、万种风情，人居扬州将缺少许多美丽和魅力，甚至也就不会有中国历史上的众多文坛巨匠、诗国大颚、文人雅士、风流帝王对于扬州的这份钟情和醉心，也不会留下那么多让人叹为观止、口角噙香的浅唱低吟和华篇佳章了。

费丹旭《好消息图》

清代扬州船娘生活组图
金琳琅 绘

238

第二江南园林人居：春光满院锁不住

◎人生只爱扬州住

品淮扬美食，泡养生美浴，流连无边美景，春风十里听舷歌，载花载酒木兰舟。乐居理念经营起来的人居扬州，拥有的是一份舒适惬意的休闲人生，并因此成为出古入今的经典样板。古往今来，但凡到过扬州的人们，无不在纵情享受一番身心娱乐后，油然生出"求仙不必访瀛洲"的欢洽感慨和"人生只爱扬州住"的由衷喟叹。

后　记

冬　冰

2006年年底，国家文物局公布《中国世界文化遗产预备名单》，跟扬州有关的项目有两个：大运河、瘦西湖及扬州历史城区。2012年9月，这一名单重新调整后公布，扬州从两项增加到三项：大运河、海上丝绸之路、扬州瘦西湖及盐商园林文化景观。

对扬州来说，六年两份名单的背后是，扬州牵头大运河联合"申遗"跑到冲刺线；正式参与海上丝绸之路9城市共同"申遗"；扬州地方"申遗"项目路径主题重新明确。

项目及名称的调整只是一个结果，作为参与者、亲历者，我们的团队感受到的是资料收集整理的琐碎辛苦，观点交锋碰撞的认真执著，路径价值苦苦寻觅中的焦虑担忧，峰回路转重生后的豁然开朗。

对那些幸存下来的扬州文化遗产点而言，这六年是其保护水平不断提升的过程；通过"申遗"推动，借助专业机构，按照世界遗产标准要求，扬州相关古建筑、遗址、河道、景观的基本尊严得以维护，保护状态得以改善，抗风险灾害的能力得以加强。

这六年更是扬州文化遗产价值重新发现的过程。扬州是一个对中国封建时代的经济政治文化作出了巨大贡献、产生过重要影响的通史式城市。但在"申遗"之前，罕有把扬州文化放在世界历史进程中，从人类文明演进的高度，对其价值进行梳理、研究、比较、审视。这些年来，借助三项"申遗"项目的带动，国际古迹遗址保护协会、中国建筑设计研究院历史研究所、中国文化遗产研究院、清华大学、同济大学等专业机构的专家与扬州申遗办团队一道，共同探寻扬州遗产的特色、内涵，思考大运河、海上丝绸之路、瘦西湖及盐商园林在中国文化、人类历史发展过程中的作用地位。一次次考察讨论交流碰撞带来了一次次认识上的提高。《世界的扬州·文化遗产丛书》就是三项"申遗"工作进行以来大家认识、思考的积累转化，一章章一节节的陈述判断提炼，共同展示扬州文化遗产价值再发现的初步成果。

成果来源于"申遗"过程，服务于"申遗"目标，更服务于扬州这座城市。近年来，扬州"深刻认识城市文化价值、坚守城市文化理想、突出城市文化特色，取得了遗产保护与城市发展双赢"，城市"人文、生态、精致、宜居"特色愈加明显，以大运河、海上丝绸之路、瘦西湖及盐商园林为代表的扬州文化遗产在城市发展中的地位和作用日益凸显。

"国以人兴，城以文名"。扬州市委市政府提出建设世界名城的奋斗目标，深厚的历史文化资源是扬州迈向这一目标的基础力量。在世界名城建设总体战略总局中，两个重要的着力点是将瘦西湖建成世界级公园、打造以大运河扬州段"七河八岛"为生态核心的江广融合地带生态智慧新城。《世界的扬州·文化遗产丛书》从前所未有的跨领域视角——历史、美学、文献学、遗产学、考古学、建筑景观学、民俗学等，较为系统地分析扬州文化遗产的历史原貌、物质形态、精神气质、布局结构、发展演化、建筑风格、构成要素等内容，并站在人类文明和普世精神的高度，对瘦西湖、大运河扬州段、海上丝绸之路扬州史迹等进行观察和阐述，它的出版将为扬州建设世界名城提供一个广域的参照，诠释扬州这座城市的世界精神，揭示扬州的历史内涵，展现扬州独特的文明价值。

六年来，跟我们一起走过这一过程的有：国家文物局和江苏省文物局的各位领导；国内外专业机构、高校专家及同行；扬州历任市领导；扬州地方文史专家；热爱家乡历史、珍爱古城文化的扬州市民。感谢他们多年来对扬州文化遗产事业的一贯支持，对扬州文化遗产保护研究队伍的指导和帮助，对扬州这座城市多年来无怨无悔的奉献和热爱。

本书编写时间紧、任务重，相关资料更是浩如烟海。限于编者的水平，难免挂一漏万，不当之处，恳请读者指正。

2013 年 3 月 1 日